让孩子看了就停不下来的自然探秘

树袋熊为什么给宝宝吃便便？

〔韩〕阳光 [illegible] 译

中国妇女出版社

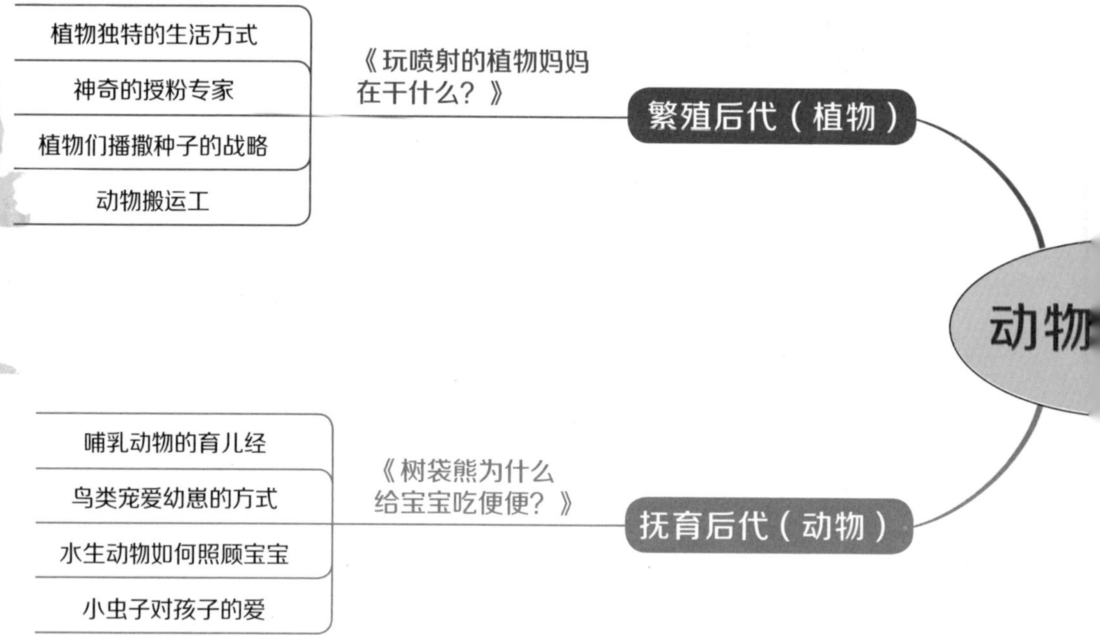

植物独特的生活方式
神奇的授粉专家
植物们播撒种子的战略
动物搬运工

《玩喷射的植物妈妈在干什么？》

繁殖后代（植物）

动物

哺乳动物的育儿经
鸟类宠爱幼崽的方式
水生动物如何照顾宝宝
小虫子对孩子的爱

《树袋熊为什么给宝宝吃便便？》

抚育后代（动物）

注： 本书在引进出版时，根据中国的动植物情况和相关文化，对内容进行了一些增补、完善和修改，故在有些知识讲解中会特意加上“中国”这一地域界定。

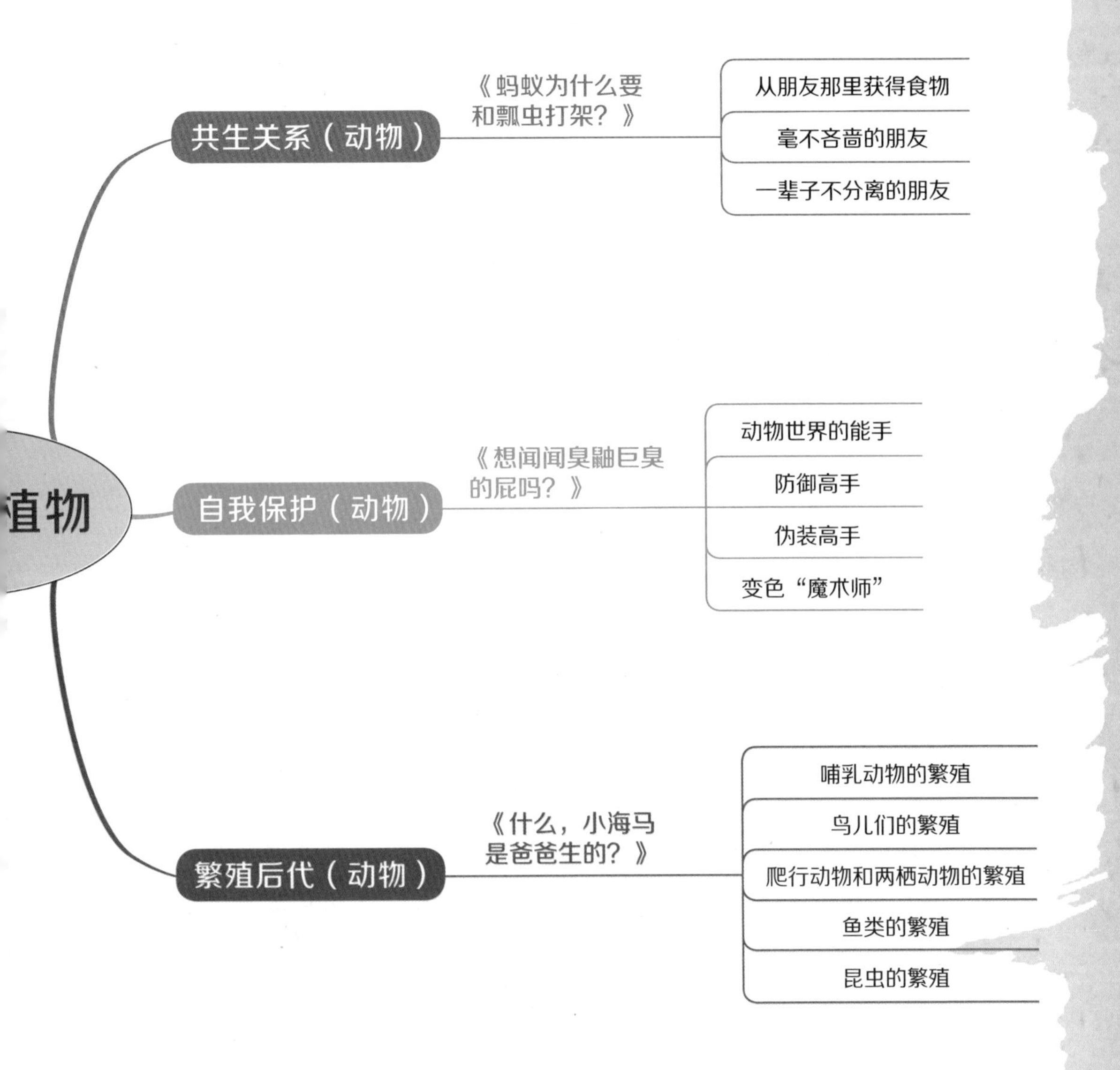

植物
共生关系（动物）
《蚂蚁为什么要和瓢虫打架？》
从朋友那里获得食物
毫不吝啬的朋友
一辈子不分离的朋友
自我保护（动物）
《想闻闻臭鼬巨臭的屁吗？》
动物世界的能手
防御高手
伪装高手
变色“魔术师”
繁殖后代（动物）
《什么，小海马是爸爸生的？》
哺乳动物的繁殖
鸟儿们的繁殖
爬行动物和两栖动物的繁殖
鱼类的繁殖
昆虫的繁殖

小动物的大智慧

世界上最关心我们的人，莫过于爸爸妈妈了。他们无私地照顾我们、关怀我们，为我们遮风挡雨，教我们读书做人，陪伴我们走过童年、走向少年。

疼爱子女并不是人类所特有的，大自然中的很多动物父母也会悉心照顾宝宝。

袋鼠会把幼崽放在育儿袋里，直到小袋鼠的身体足够强壮，可以独立生存。

还有一种名字很古怪的昆虫伊锥同蝽，它会连续 12 天不吃不睡地悬挂在树叶上，用身体挡住自己的卵。要是有偷卵贼胆敢打坏主意，它就会狠狠出击，绝不心慈手软。

生活在南极的帝企鹅最伟大，帝企鹅妈妈生蛋后，虽然已经精疲力竭，可它还不能休息，因为它要返回大海寻找食物。贪婪的海豹一直虎视眈眈，于是帝企鹅爸爸就留下来保护那些珍贵的企鹅蛋，它们冒着 −40℃的严寒，一动不动地站在冰面上，将蛋放在自己的脚上面，为即将出生的宝宝保持温暖。

当然，大自然中也有一些行为“古怪”的父母。狮子会把刚断奶的宝宝狠心地赶到狩猎现场，进行残酷的训练；树袋熊居然让宝宝吃自己的粪便。事实上，这些行为背后也隐藏着父母对孩子深深的爱护之情。狮子是为了把小狮子培养成森林之王，而树袋熊是为了给消化功能没有发育完全的宝宝提供最佳的辅食。

本书要讲的就是像这样温馨感人的故事，它不仅能让小朋友了解到动物界的有趣知识，还能让小朋友认识到父母的无私与伟大，学会感恩，懂得回报，在父母的关怀下快乐成长。

阳光和樵夫

目 录

1 哺乳动物的育儿经

2 鸟类宠爱幼崽的方式

4 小虫子对孩子的爱

1 哺乳动物的育儿经

把宝宝放在育儿袋内的袋鼠

在妈妈的育儿袋里

在澳大利亚广阔的草原上，一只成年袋鼠用**强健有力**的后腿蹦蹦跳跳地前进着。奇怪的是，它的肚子上有个东西一直晃个不停。

啊，原来那里面装着一只可爱的小袋鼠！明显发育成熟的小袋鼠从妈妈的育儿袋里探出脑袋、伸出前腿，好奇地看着外面的世界。

带着这么大的小袋鼠行动，袋鼠妈妈肯定很累吧？那它为什么不把小袋鼠放下来呢？

·多功能的尾巴

袋鼠的尾巴简直是个宝，当它们休息时，它们的尾巴和两条腿共同组成一个三脚架，让它们可以稳稳地立在地面上。当它们跑步时，尾巴就像一根平衡棒，使它们保持平衡。更妙的是，它们的尾巴还是进攻和保护自己的重要武器。

袋鼠大多生活在澳大利亚的丛林中和草原上，主要以青草和树叶为食。除去尾巴，成年袋鼠的体长从23厘米到150厘米不等，其中只有红大袋鼠才可能达到150厘米。

袋鼠善于跳跃。它们通常会抬起前腿，仅用强健有力的后腿向前跳跃，可以轻易跨过9米宽的小溪或3米高的围栏。遇到危险时，袋鼠就会凭借自己这种独特的跳跃能力迅速逃离，有时候它也会向敌人冲过去，跳过敌人后再逃跑。

不过，袋鼠有一个难言之隐。通常来说，大多数雌性哺乳动物怀孕后子宫内会形成胎盘，胎盘的作用是把营养物质和氧气传递给胚胎，然后再接收胚胎产生的废弃物。雌性哺乳动物能在体内孕育后代主要依靠胎盘，但是袋鼠却是个例外，它无法形成胎盘。

袋鼠妈妈的孕期约为1个月，刚出生的小袋鼠只有3厘米长，不到3克重，无毛，眼、耳和后腿也未完全发育，只有鼻子和前腿发育成熟。因此，袋鼠妈妈只能把刚出生的小袋鼠放进育儿袋里。

•不是所有袋鼠都有育儿袋

并不是所有袋鼠都有育儿袋，只有雌袋鼠才会有育儿袋。因为雌袋鼠生了小宝宝后，需要把宝宝放在身前的育儿袋里，照料它们直到能够独自生存。

•排外倾向严重

别看袋鼠经常成群结队地出现，但如果是一个外族，要想混进去可不容易。袋鼠是一种排外倾向非常严重的动物，它们对外族非常排斥，甚至离群很久的本族也会遭到“嫌弃”。

袋鼠

•从不后退的榜样

袋鼠是一种永远不会后退的动物。这种永不后退的勇士精神着实令人敬佩，它们也因此受到人们的喜爱，甚至出现在了澳大利亚的国徽中。

小袋鼠的摇篮——育儿袋

袋鼠妈妈虽然没有胎盘，却有独特的“**育儿袋**”。在长达几个月的时间里，袋鼠妈妈会把小袋鼠放在育儿袋里养着，直到小袋鼠可以在外面的世界生存时才放它们出来。

•调皮的小袋鼠

随着小袋鼠的发育，它们变得越来越好动，还未涉世的袋鼠宝宝对外面的世界充满着好奇心，它们经常探出头来看外面的世界，但这是一件非常危险的事，所以袋鼠妈妈经常把它们探出来的小脑袋按进去。

刚出生的小袋鼠虽然很多器官都没有发育完全，但前腿和鼻子早就发育好了。因此，它们会追寻着母乳的气味，爬进袋鼠妈妈的育儿袋里。小袋鼠咬住乳头后，袋鼠妈妈的乳头就会膨胀起来，方便小袋鼠含住。而且，乳汁也会自动分泌出来，以免刚出生的小袋鼠没有力气吸吮。

接下来的6～12个月里，小袋鼠会一直待在袋鼠妈妈的育儿袋里吸吮乳汁。在这个过程中，小袋鼠的身体会出现惊人的变化。

小袋鼠的眼、耳、后腿等器官会逐渐发育，毛也会长出来，并开始探出头观察外面的世界。就这样，刚出生时发育程度还不如昆虫幼虫的小袋鼠，也逐渐可以独立地生活在这个世界上了。

我的妈妈是自由搏击高手

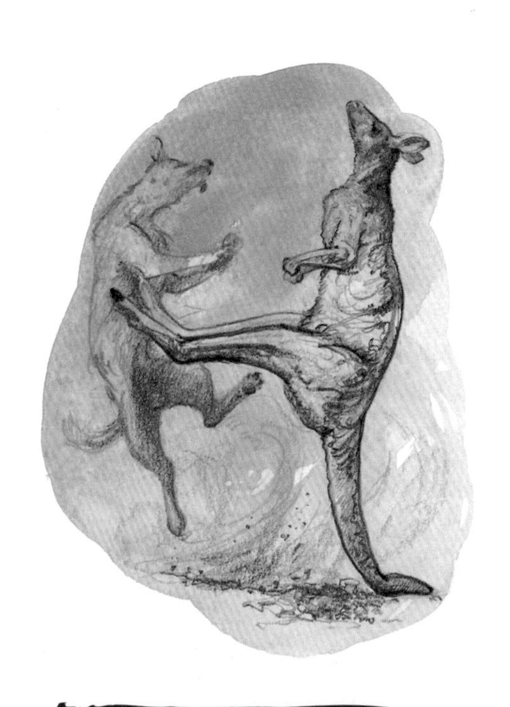

在育儿袋里度过6~12个月后，小袋鼠才开始短时间地离开育儿袋，去学习各种生存技巧。但袋鼠妈妈依然不放心，会让小袋鼠继续在育儿袋里待数月之久。

此时，小袋鼠只有吃草的时候可以从育儿袋里跑出来。虽然每天只有两三次，每次时间也不长，但袋鼠妈妈还是会**无比警惕**地一直跟在后面。要知道，生活在澳大利亚草原上的澳大利亚野

•能干的袋鼠妈妈

袋鼠妈妈刚生完宝宝就开始孕育下一个宝宝，甚至有时怀着孕的袋鼠妈妈还要一边照料育儿袋里的二宝，一边照顾离开了育儿袋但是还未断奶的大宝。袋鼠妈妈真的是太辛苦了！

狗就专门猎食像小袋鼠这样幼小的食草动物。但只要不离开袋鼠妈妈，小袋鼠就不用害怕它们。

当一群澳大利亚野狗流着口水接近小袋鼠的时候，袋鼠妈妈就会蹦起来，用有着尖利爪子的后腿踹它们。在澳大利亚草原上，几乎没有什么动物可以承受这狠狠一踹。袋鼠妈妈真是一个自由搏击高手啊！

寻找母乳的“漫长”旅程

对于刚出生的小袋鼠来说，爬进袋鼠妈妈的育儿袋并不是一件简单的事情。例如红大袋鼠，小袋鼠需要抓着袋鼠妈妈的毛，爬行 15 厘米才能来到育儿袋，而这段旅程最少也需要 3 分钟。因此，也有一些小袋鼠会因爬不到育儿袋而夭折。

齐心协力照顾小象的大象

勇敢的母亲

远处，一群身材魁梧的大象正在非洲大草原上行进着。忽然，风中飘来了一丝可疑的气息。没过多久，3只狮子出现在象群后面，悄悄向落在后面的小象凑了过去。

就在这个时候，象群中最大的那头象察觉到了跟在后面的狮子，转过身横在小象和狮子之间，然后竖起鼻子，发出巨大的吼声。听到信号后，其他大象也转过身来团团围住小象，并接连发出巨大的吼声。那一刻，整个天地仿佛都在震颤着。不

知是不是被象群的气势吓住了，狮子根本就不敢冲上前，它们围着象群徘徊，没过一会儿就转身离开了。

这些团团围住小象，并成功击退狮子的勇猛“战士”就是伟大的大象妈妈。

爸爸去哪儿了?

公象从不留下来照顾孩子。它们在广阔的热带草原上到处流浪，只有在发情期才会找到母象，成功交配后又会离开母象，离开象群。

公象离开后，照顾小象的重任就完全落在母象身上。在处处都有猛兽的热带草原上，母象想要凭一己之力抚养后代是非常困难的。而且因为体形巨大，需要大量的食物，它们经常为了觅食到处走动。

•大象的耳朵像蒲扇

大象的耳朵非常大，就像一个大蒲扇一样，但是它们可不是用耳朵来扇风。原来，它们的大耳朵增加了散热面积，可以使体内的热量更快地散发出去。

•不单单用耳朵听声音

身处远方的大象是如何听到同伴的跺脚声的呢？它们当然不会蹲下来把耳朵贴在地面上听了，而是通过脚掌把声波传至骨骼，然后再传到内耳，再加上脸上的脂肪可以用来扩大声音，这样它们就可以听到同伴发出的信息了。

•高智商的大象

大象的外表看上去很笨重，给人的第一印象往往是不太聪明。其实，大象的智商非常高，它们学东西学得很快，所以经常有些商人想尽办法驯服大象，让它们表演节目以谋取利益。但是有些人在驯服过程中使用暴力，使得大象的身心受到很大的伤害。大象是我们的朋友，希望它可以得到更好的保护。

大象

•“无声”的交流

大象之间可以进行“无声”的交流，它们可以通过人耳听不到的超声波进行交流。这种声波即使在很远的地方它们也能听到。不过有的时候也会因为外界原因被阻断，这时它们便会通过跺脚使地面震动来传达信息。

•大象也要涂“防晒霜”！

生活在非洲的大象必须得忍受常年的高温，所以它们在漫漫的进化历程中渐渐学会了防晒技巧。它们除了用大鼻子往自己身上洒水外，还会给自己全身涂满泥巴来防止被晒伤。

大象是最大的陆地动物。成年大象的肩高可达2.5～4米，重达5000～7500千克。如果要维持这个体格，大象每天要摄取超过225千克的食物。因此，象群经过的地方几乎就没有什么东西会剩下来。大象不挑食，无论是树叶还是青草都来者不拒。另外，大象还经常流汗，因此每天需要摄取70～80千克的水。

因为食量惊人，象群不可能长时间停留在一个地方，但是，在移动时象群经常会遇到各种各样的危险。草原上的狮子和水里的鳄鱼时时刻刻都在窥视着象群里的小家伙们。

我们一定要团结！

母象不用担心会受到猛兽的攻击，因为它身体高大，无论多么优秀的狩猎者都只能望而却步。但小象就不一样了，它们还很弱小，是很多猛兽惦记的对象。

在如此危险的环境下，母象保护小象的方法就是齐心协力。

象群是由好几个家庭组成的。每个家庭都是以大象奶奶为中心，然后是大象妈妈和小象。无论是觅食还是喝水，大象都统一行动，以便随时随地保护小象。

如果一些不知情的狩猎者胆敢接近小象，大象就会立刻团团围住小象，形成**铜墙铁壁**，并挥舞着长鼻和象牙，大声吼叫。

遇到这种情况，再迟钝的狩猎者也会发现事情不妙，然后灰溜溜地**夹着尾巴逃跑**。要知道，如果不小心被象牙刺到或被它们巨大的脚掌踩到，狩猎者很可能会当场丧命。

不会抛弃受伤的孩子！

• 灵巧的鼻子

大象有着长长的鼻子，就像一根大吸管一样，可以用来吸水。它们的鼻子也经常被当作手来用。它们的鼻子上有两个指状突起，可以用来抓很小的东西，经过训练的大象甚至可以用鼻子写字。不过并非所有大象的鼻子都有两个指状突起，有的大象只有一个。

象群通常由20～30头大象组成。每隔一段时间象群里总是会出现那么一两头生病或受伤的小象。在动物世界里，大部分动物遇到这种情况时会干脆抛弃生病或受伤的幼崽，但大象妈妈却不会这样做。

人们曾在非洲的象群中看到过一头瘸腿的小象。每次洗完澡要爬上岸的时候，这头小象都会非常辛苦，不仅要花很长时间，而且通常很难独自爬上去。但是，大象妈妈却不会抛弃它，而是用鼻子把它拉到岸上。

为了孩子，大象妈妈甚至可以牺牲自己的生命。正因为有着如此坚实的后盾，草原上的动物都休想打小象的主意。

一定要小心大象巨大的脚掌

大象的脚掌呈椭圆形，脚底扁平，最长的地方有50厘米长，最短的地方也有40厘米。再加上它们重达5000～7500千克，如果不小心被踩到的话，下场可想而知。因此，草原上的猛兽通常不会去招惹大象。

可以照顾幼崽的万能鼻子

当象群为了食物或水源而迁徙的时候，小象偶尔会脱离象群。此时，大象妈妈就会用它的鼻子轻敲小象，让它赶紧回到象群里。如果小象不听话，大象妈妈还会用鼻子卷起小树来拍打小象的后背。此外，大象妈妈还会用鼻子帮小象洗澡，把小象拉上岸边或顶上岸边，帮助小象渡过水流湍急的小河。

深度了解

给后代喂奶的哺乳动物

袋鼠、狮子、大象等动物是直接生下幼崽，然后再喂养母乳。这样的动物就是我们通常说的“哺乳动物”了。你是不是也发现了，人类也是哺乳动物。

与鸟类、鱼类和昆虫相比，哺乳动物和幼崽一起度过的时间要长很多。因为，哺乳期的幼崽是无法独立生存的。

在和幼崽一起生活的日子里，父母会把觅食、躲避危险等在大自然中生存的方法教给它们。不仅如此，当幼崽遇到危险时，大部分父母都会豁出性命来拯救它们。别说是狮子或老虎等食肉动物，就连老鼠或弱小的食草动物也会如此。

与鸟类、鱼类和昆虫相比，哺乳动物产下的幼崽数量非常少，但它们都懂得照顾幼崽，因此幼崽的存活率要远比前者高。喂养母乳的特性也有助于幼崽的生存。在出生后的一段时间里，幼崽可以一直吃着母乳并受到妈妈的保护，不用独自面对大自然的险恶，也不用担心饥饿或受到敌人的攻击。

经常背着宝宝的河马

妈妈，救命啊！

炎炎烈日下的热带河流里，一群河马正在休息。从水面上看过去，我们只能看到河马的耳朵和鼻子，还有它们偶尔转动的眼珠。看起来，它们似乎是在享受午休的乐趣。

•拥有最大嘴巴的陆生动物

在所有陆生动物中，非洲河马的嘴巴当属最大。它们的下巴可以张开至180度，成年雄性河马张开的平均间隙可以达到1.2米。

没过多久，可能是因为睡不着，一头小河马悄悄离开了河马妈妈。在对面岸边晒太阳的鳄鱼看到这一幕后，**悄无声息**地钻进了水底。

•雌性为尊的河马“女儿国”

在河马家族中，雌性地位明显要高于雄性。一个河马家族的统治者往往是雌河马，而且雌河马们往往居住在河流的中心位置，受到雄河马们的护卫。即使到了繁殖季节，这种“女尊男卑”的规定也不能被打破，雌河马拥有绝对的择偶权。

事实上，那条鳄鱼一直都在等着小河马离开河马群。此时机会出现了，鳄鱼当然不会放过，它迅速地朝小河马游去。直到这个时候，小河马才意识到有**危险**，急忙叫了起来。几乎就在同时，河马妈妈迅速游过来拦住了鳄鱼，同时张开了它那**巨大的嘴巴**。

想要吃掉小河马的鳄鱼和想要保护小河马的河马妈妈，它们之间到底谁胜谁负呢？

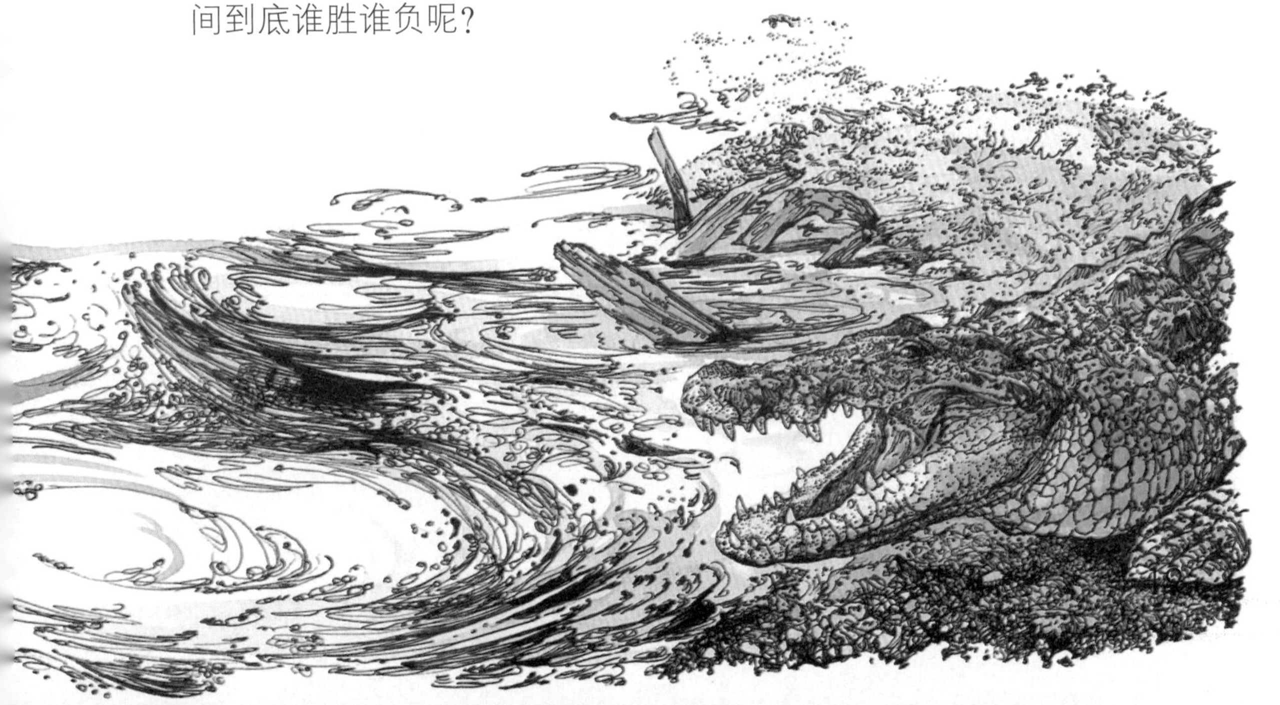

阳光很讨厌

在陆生动物中，河马的体形仅次于大象和犀牛。成年后，它们的体长可达到3.7～4.6米，体重可达到3300～5000千克。

白天的时候河马都是在水里休息的，只有在太阳下山后，它们才会从水里爬出来到岸边吃草，几个小时后又回到水里。和外表不符的是，河马的皮肤非常脆弱，角质层（覆盖在皮肤最表层的细胞层，可以起到保护皮肤和限制体内水分流失的作用）极薄，在炽烈的阳光下很容易丢失水分。

河马的眼、鼻、耳都位于头顶，泡在水里也不会影响它们呼吸和观察四周。河马可以在水中迅速游动，潜水时间长达6分钟之久。因此对河马来说，水中是最舒适的地方了。

那么，小河马的情况又是怎样的呢？对于体形只有成年河马1/4左右的小河马来说，水中是否也是最舒适的地方？

我害怕水

刚出生的小河马没有什么力气，也不能在水中游泳，因此临近产期的母河马就会离开族群，来到浅水处。在那里生下幼崽后母

•装备精良的潜水者

河马的身体简直就是专门为潜水而设计的，当它们潜水时会把自己的耳朵和鼻孔关闭起来。河马通常每3～5分钟就会浮出水面进行换气，不过有时潜水时间也会达到将近半小时。

河马

•防晒的“血汗”

河马因为脆弱的皮肤难以忍受太阳的暴晒，所以它们通常待在水里。但是，有时它们也会上岸，这时，为了保护敏感的皮肤，它们的体表会分泌一种类似于血液的红色液体来滋润皮肤。这种液体也被人们称为“血汗”。

•恶心的“甩便”行为

河马拉屎时很不安分，它们不会安安静静地把便便拉在同一个地方，而是一边拉便便一边扭动屁股跳舞，把便便甩得到处都是。不过它们的这种甩便行为并非是淘气好玩，而是用这样排泄的方式来宣示自己的领地。

河马就开始给小河马喂奶，10～14天后再背着小河马回到族群。

刚开始，除了喂奶的那段时间，小河马总是趴在妈妈的后背上。等到适应河水后，小河马就可以独自游泳或潜水了。

从这个时期开始，母河马的任务就更重了，因为小河马很容易受到鳄鱼的攻击。

和河马一样，鳄鱼也生活在非洲的河水或湖水中，因此经常会出现河马和鳄鱼**比邻而居**的场景。在平时，鳄鱼是不会去招惹河马的。要知道，**鳄鱼的捕食方法是用坚固的牙齿咬住猎物后拽进水里，让猎物窒息而死。**但凭着鳄鱼的力量，是不可能拽得动成年河马的。

而小河马不仅体重较轻，潜水时间也只有20秒左右，因此鳄鱼可以很轻松地捕捉它们。当河马的族群里出现幼崽，无论是在河边晒太阳还是在水中避暑，鳄鱼都会一直用阴险的余光窥视小河马，等待下手的时机。

当然，鳄鱼是很难找到机会的，因为母河马总是会把小河马带在身边。有时候，一些胆大包天的鳄鱼可能会不顾母河马的存在，自作聪明地悄悄接近小河马。每到这个时候，母河马总是会拦住鳄鱼，张开它的大嘴。看到母河马的这种姿态，鳄鱼通常会落荒而逃。要知道母河马长有50厘米长的锋利犬齿，虽然鳄鱼的皮很厚，但若被咬到的话也是活不长的。

妈妈的背是安稳的岛屿

河马虽是陆生动物，但一天的大部分时间都是在水中度过的。因此，母河马会一直把小河马驮在背上或带在身边，直到小河马完全适应水中的生活并长出犬齿，可以对抗鳄鱼为止。

小河马刚生下来还很怕水，对它来说，母河马的背就是一座温暖又安全的岛屿。在这个

·天生“近视”

河马天生就是“高度近视”患者，它们甚至在水面上也难以看清东西，但这对它们的生存并不会有太大的影响，因为它们经常生活在水里，而水下常常十分浑浊，根本看不到远处。

岛屿上，小河马会逐渐克服对水的恐惧，并学会躲避危险。

正因为有世界上最坚固、最安稳的“岛屿”，小河马才能茁壮成长起来。

“汗血”河马

河马没有汗腺，却有其他腺体，它们可以分泌出微红色的潮湿物质，而这就是人们眼中的“汗血”了。

小河马如何在水下吃奶？

小河马不能长时间憋气。在吮吸母乳时，它会先堵住鼻孔，双耳紧贴头部，然后再潜进水里。因为它只能憋气20秒左右，因此每次吃奶都要反复潜水好几次。

长颈鹿的踹脚功夫

小长颈鹿很危险！

清晨，在广阔的非洲草原上，长颈鹿妈妈带着小长颈鹿走进了槐树林，准备吃早餐。虽然槐树有刺，但它们可以利用长长的舌头，灵活地避开刺，专挑**柔软的嫩枝和嫩叶**来吃。

没过多久，小长颈鹿就离开妈妈的身边，朝着其他小长颈鹿走了过去。就在这个时候，不远处的草丛中有一只刚睡醒的狮子在打着呵欠。也不知道长颈鹿妈妈有没有发现狮子，反正它**无动于衷**地继续吃着嫩叶。难道长颈鹿妈妈就不担心吗？怎么能允许小长颈鹿在离狮子不远处乱跑呢？

自得其乐的小长颈鹿

长颈鹿是地球上最高的陆生动物。雄长颈鹿高达5.5米，几乎相当于两层楼那么高。长颈鹿不仅脖子很长，舌头也有45

厘米。因此，它们可以轻易地吃到高处的嫩叶。

在互相争斗时，它们也会利用自己的长颈。一到发情期，雄长颈鹿为了博得雌长颈鹿的欢心，经常要和其他长颈鹿争斗。**它们的争斗方式就是互相用长颈压对方，也就是“吻颈”。**

为了得到雌长颈鹿的芳心，雄长颈鹿会拼了命地去争斗，但在获胜后这段缘分却不会长久。完成交配后，雌长颈鹿很快就失去对雄长颈鹿的兴趣。因此，就算以后继续生活在同一个族群里，它们也像“陌生人”一样。

雌长颈鹿会选择在僻静之处独自生产，每胎只生一头。**刚出生的小长颈鹿就高达1.8米，相当于排球运动员的身高，**出生后1小时它就可以独立行走，一两周后就可以和其他小长颈鹿一起玩耍了。

那么，长颈鹿妈妈对小长颈鹿是关心还是冷漠呢？在到处是猛兽的热带草原上，它怎么能让小长颈鹿独自玩耍呢？

宝宝，快逃！

狮子或鬣狗等猛兽在狩猎的时候，都是咬住猎物的脖颈后再咬断气管。不过成年长颈鹿实在是太高了，因此猛兽很难咬到它们的

•高血压动物

长颈鹿的脖子那么长，血液要怎么输送上去啊？别急，长颈鹿自有应对之策。为了把血液送到头部，长颈鹿的血压往往比其他动物的要高好几倍，所以我们是不能用一般的血压标准来判断长颈鹿是否得了高血压的。当它们低头时，它们可以通过耳朵后方的瓣膜调节自己的血压，防止血压过高。

•不受体形影响的奔跑者

长颈鹿虽然挺着个长长的脖子，看上去很容易失去平衡，但是面临强敌时，它们的奔跑速度极快。它们的奔跑姿势很特别，跑起来时先伸头颈，然后再缩回，交替摆动就好像我们奔跑时摆动手臂一样。

•并不是个“哑巴”

要想听到长颈鹿的声音很难，因为发出声音对它们来说简直是一件体力活。因为特殊的构造，所以它们发出声音非常费力。加上成年的长颈鹿有足够的自卫能力，所以也不必通过喊叫来求救。但是，如果长颈鹿宝宝找不到妈妈了，它们会发出小牛一样的叫声。

•真想睡个安稳觉

我们都知道，睡眠不充足会对人类的健康造成很大的影响。长颈鹿每晚只能睡大约两个小时，而且还不能安安心心地躺下做个好梦，因为这对它们来说是一件非常危险的事情。它们大部分时间只能靠在树干上小憩一下。

长颈鹿

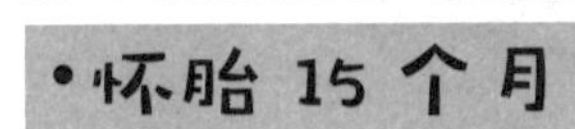

•怀胎 15 个月

在我们人类世界里，妈妈通常怀胎十月才生下我们。在这段时间里，妈妈们非常辛苦。但是，在长颈鹿的世界里，长颈鹿妈妈却要怀胎15个月才会诞下小宝宝，刚生下来的小宝宝就有大约1.8米高，真是难以想象生个宝宝，长颈鹿妈妈要忍受多少痛苦。

脖颈。但是，小长颈鹿的肩高和斑马差不多，而且力气比较小，猛兽只要下定决心就可以猎到它们。那么，长颈鹿妈妈到底为什么会放任小长颈鹿独自玩耍呢？

事实上，长颈鹿妈妈也很关心自己的孩子，虽然它不会时刻跟在身后，但它们的目光一刻也不会离开自己的孩子。

在热带草原，长颈鹿的视野非常广阔，几乎没有东西可以挡住它们的视线。而且，**长颈鹿的视力非常好，可以看清7～8千米以内的物体。**

长颈鹿妈妈虽然一直在吃着槐树的嫩叶，但同时也在利用得天独厚的优势，观察四面八方的动静和小长颈鹿的举动。因此，当狮子或鬣（liè）狗接近小长颈鹿时，长颈鹿妈妈总是可以及时赶到，施展它的踹脚功夫。

如果被长颈鹿的四蹄踹到，狩猎者很容易受重伤，轻则再难狩猎，重则将失去性命。因此，看到长颈鹿妈妈及时赶到后，猛兽就只能咽下口水，灰溜溜地转身离开了，而小长颈鹿也就可以及时逃到安全的地方了。

如上所述，虽然长颈鹿妈妈看似对小长颈鹿漠不关心，但实际上却一直在附近保护着它们。

长颈鹿妈妈的护犊之法

看到长颈鹿妈妈毫不犹豫地朝猛兽踹过去，你是不是觉得它是一个无所畏惧的强者？但实际上，长颈鹿妈妈的这一举动是非常

•和睦的家族

家和万事兴。在长颈鹿家族中，很少会发生兄弟相争的事情，它们对待自己的家人非常温柔。不过，这大概也与它们本身温和的性格有关。它们很少因为小事情就互相打斗，相反，在大部分时间里它们相互依靠，互相照应。这样的家庭氛围着实令人羡慕。

危险的。如果它不小心失去平衡而摔倒，那么它就会被猛兽咬断喉咙。长颈鹿妈妈虽然也知道这种危险，但在小长颈鹿遇到险情时，却一点儿都不会顾虑自己的安危。它和世界上的很多母亲一样，会为了宝宝的安全不惜牺牲自己的性命。

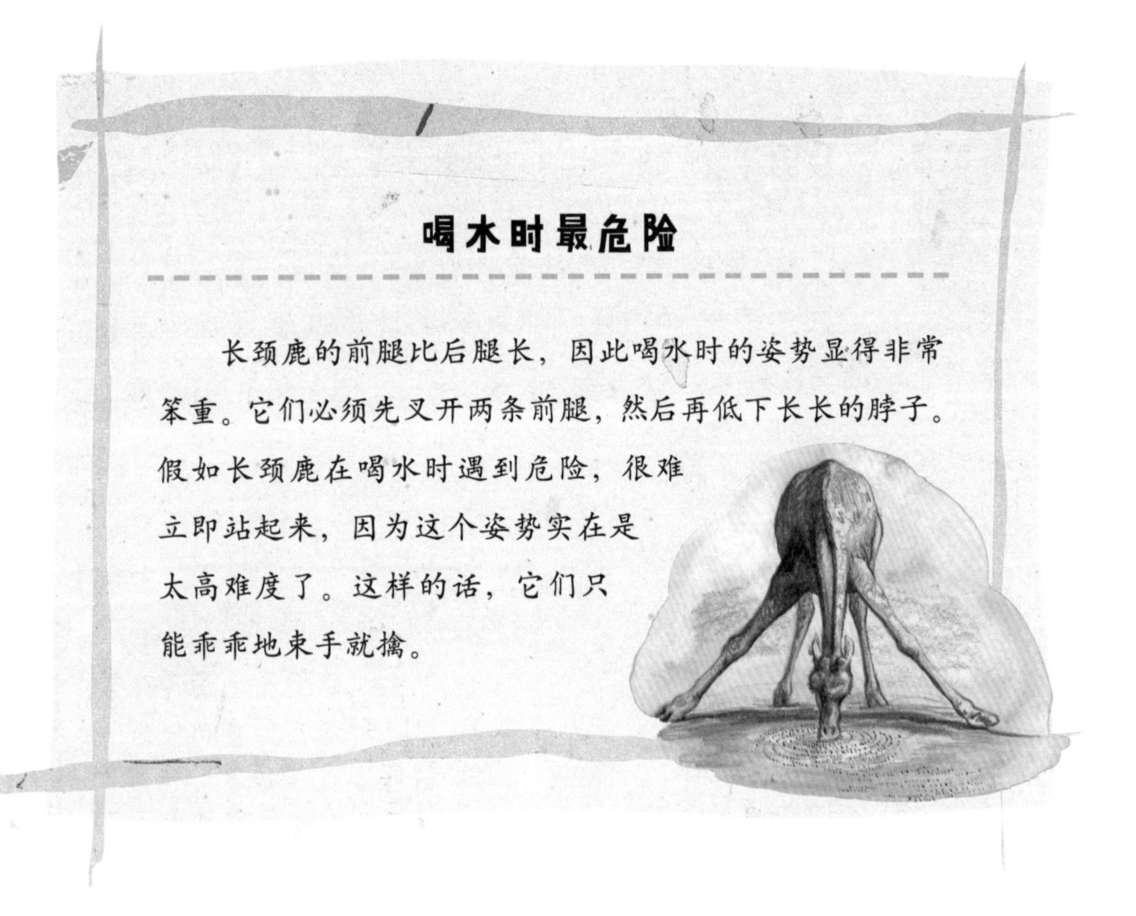

喝水时最危险

长颈鹿的前腿比后腿长，因此喝水时的姿势显得非常笨重。它们必须先叉开两条前腿，然后再低下长长的脖子。假如长颈鹿在喝水时遇到危险，很难立即站起来，因为这个姿势实在是太高难度了。这样的话，它们只能乖乖地束手就擒。

给宝宝吃粪便的树袋熊

树袋熊，你为什么要吃妈妈的粪便?

在高大的桉树丛中，一只树袋熊**舒适地**靠坐在一棵桉树的粗大枝干上，它的腹部有一个不甚明显的育儿袋。忽然，一只小树袋熊从育儿袋中探出了脑袋，然后努力地把嘴凑到妈妈的肛门处，舔食**排泄物**。是不是感觉有点儿恶心啊？小树袋熊为什么偏偏要以妈妈的粪便为食呢?

口味挑剔的家伙

树袋熊长约70~80厘米，有大大的耳朵和漆黑的眼珠，长相酷似小熊，深受人们喜爱。但有一点大家必须知道，那就是树袋熊离开澳大利亚后

> **·高超的攀缘者**
>
> 在外形上树袋熊给人的印象就是迟钝，但是我们都被它的外形给蒙蔽了，树袋熊在爬树方面可是技艺高超的攀缘者。树袋熊大多数的脚趾上都长有极为内弯的、针一般锐利的趾甲，所以它们能够轻松地爬上树皮光滑又高大的桉树。

就无法存活，因为它的口味实在是太挑剔了。

树袋熊只吃桉树叶，虽然澳大利亚有300多种桉树，但树袋熊却只吃其中的12种。因此，如果要在别的地方饲养树袋熊，就必须一直从澳大利亚购买桉树叶，而这样的花费肯定是不菲的。

•树袋熊其实不是熊

树袋熊虽然名字里带个“熊”字，但它本身却和熊丝毫不沾边。挑食的树袋熊和荤素均吃的熊是完全不同的物种。而且，树袋熊的懒那是熊科动物所不能企及的。

不过有趣的是，地球上以桉树叶为食的动物也只有树袋熊。桉树叶富含纤维素，很难消化，而且还含有毒

•把尾巴当成坐垫

树袋熊又称“考拉”，它的“懒”几乎闻名全世界，它们一天大部分时间都是在树上睡觉，即使醒了，大部分时间也只是坐在树上发呆。长此以往，它们的尾巴渐渐地就变成了又短又小的“坐垫”。

素。那么，树袋熊为什么吃了桉树叶却没事呢？

树袋熊的肝脏可以分泌出一种化学物质，化解桉树叶的毒性。此外，盲肠中的一些细菌还可以把纤维素分解为各种养分。因此，树袋熊才能以桉树叶为食而不用担心会中毒。

那么，之前提到的吃妈妈粪便的现象又是怎么回事呢？小树袋熊为什么要吃妈妈的粪便呢？最主要的原因就是刚断奶的小树袋熊无法消化桉树叶。

·不发达的大脑

树袋熊虽然顶着一个大大的脑袋，但是大脑所占的重量却极少，剩下的都是脑脊液。看来树袋熊不仅仅是看起来憨憨的，而是真的不太聪明。

世界上最好的辅食

树袋熊和袋鼠同属有袋目动物，怀孕后也无法形成胎盘。因此，刚出生的小树袋熊只有2厘米长，身体的很多器官都没有发育成熟，而树袋熊妈妈在生下幼崽后就必须把它放在育儿袋中，用自己的奶水养大宝宝。等到小树袋熊出生22周的时候，它就几乎发育成熟了，也终于可以把头探出来观察外面的世界了。

不过，此时的小树袋熊仍然无法离开育儿袋生活。如果想要离开妈妈的怀抱，小树袋熊就必须有其他的食物来源，但此时的它们是无法消化桉树叶的。**就像刚断奶的婴儿需要吃一段时间的辅食一样，小树袋熊也需要辅食。**

对小树袋熊来说，最好的辅食就是妈妈的粪便。盲肠中的细菌

•树袋熊的数量越来越少

近年来树袋熊的生存越来越不容易了，林火、疾病、偷猎、生存环境的破坏……眼看着树袋熊越来越少，这是一个令全世界都感到悲痛的消息，考拉竟然面临灭绝了。

把纤维素分解为各种养分后，树袋熊妈妈只能吸收其中的20%左右，剩余的养分都会被排出体外。因此，它的粪便中富含各种营养成分。此外，**树袋熊妈妈排出来的这些营养物质是流质的，很适合小树袋熊消化吸收。**

最关键的是，小树袋熊一直这么吃下去的话，它很快也可以直接吃桉树叶了。因为，在它舔食妈妈粪便的时候，妈妈体内可以分解纤维素的一部分细菌也会转移到小树袋熊体内。

排便时的幸福

小树袋熊吃妈妈的粪便，不仅可以**茁壮成长**，而且也可以慢慢过渡到直接吃桉树叶。从这一点来说，树袋熊妈妈排便的时候应该是充满母爱的。它不仅解决了生理需求，而且还可以把最适合的辅食送给宝宝。

不喝水

澳大利亚当地人一般把“树袋熊”称为“考拉”，那是“不喝水”的意思。事实上，树袋熊可以从桉树叶和露水中吸取水分，因此的确不会特意去找水喝。它们都是懒家伙，几乎不会为了去喝水而从树上爬下来。

嗜睡的树袋熊

食草动物通常都有惊人的食量，这主要是因为草和树叶中没有多少营养成分。但是，树袋熊的食量却并不大，它们通过每天睡16个小时以上来节省体力、减少能量消耗。

一直宠爱孩子的黑猩猩

这么大了还在撒娇！

在非洲的山林地带，黑猩猩妈妈正抱着小猩猩，帮它捉身上的跳蚤。这只小猩猩已经4岁了，如果是牛或马，这么大可能都进入繁殖期了。但这只小猩猩却依然被母猩猩抱在怀里**撒娇**，而母猩猩也丝毫不介意。

难道母猩猩就不怕长大后的小猩猩会变得**懒惰而懦弱**，无法在大自然中生存下去吗？

成长缓慢的黑猩猩

和其他哺乳动物相比，黑猩猩的成长是比较缓慢的。刚出生的小马和小牛很快就可以站立和行走，但刚出生的小猩

> **•超强大脑**
>
> 曾经有科学家对黑猩猩进行数字记忆训练，成功教会一只黑猩猩认识阿拉伯数字，它还会把0～9的数字按顺序排列，并能记住多达5位的数字。有的黑猩猩经过语言训练后，甚至可以记住几千个英文单词。

•大猩猩的力量有多恐怖？

银背大猩猩是目前世界上最大的灵长类动物，拥有惊人的力量，一拳就可以击碎钢化玻璃。一头成年银背大猩猩体重可达140～200千克，身高1.7米以上，它们生活在非洲东部的山区中。除了打碎钢化玻璃，成年银背大猩猩还能单手掀翻汽车，折断钢筋就跟玩小树枝一样。

•超强的短期记忆

在大学生和黑猩猩的瞬间记忆比赛中，黑猩猩竟然完胜。黑猩猩可以以非常快的速度记下自己看见的东西，有着超强的短期记忆力。

•简化版的“人”

黑猩猩的很多个体行为和社会行为都和我们人类很相似，虽然它们不会说话，但是它们可以通过不同的叫声和各种肢体语言来进行交流。它们还可以辨别不同的颜色，会使用不同的工具……

黑猩猩

•黑猩猩照镜子会怎么样？

当给黑猩猩照镜子的时候，黑猩猩竟然可以认识自己，这在动物界中是非常稀有的事情。很多动物照镜子时会误以为镜子里的是要和自己打架的同类，从而表现得异常暴躁。

猩却几乎无法独立完成任何事情。如果母猩猩不把它抱在怀里，它很可能连吸吮乳汁的力气都没有。

因此，母猩猩在生育后的一段时间里必须小心地照顾它们的孩子。不仅要把孩子抱在怀里**哄着入睡**，还要每小时喂一次奶。此外，4～5岁大的小猩猩虽然可以独立行走，但母猩猩却还是会一直背着它，并且细心照顾。

母猩猩对自己的孩子有着很深的感情。它不仅会**竭尽所能**地去保护孩子免受狩猎者或雄猩猩的攻击，而且就算小猩猩从它手里抢食吃也不会生气。等到小猩猩13～15岁的时候，母猩猩的这种感情也依然存在。

妈妈是我最好的老师

我们通常认为，**黑猩猩是最接近人类的动物。**它们不仅四肢发达，还会利用工具，甚至还会进行族群之间的战争。我们如果要在社会上生活，需要学习的东西很多，黑猩猩也是如此，而它们最好的老师就是它们的妈妈。

黑猩猩妈妈给孩子上的第一堂课是族群里的礼仪。雄猩猩在生气的时候经常会攻击小猩猩，因此黑猩猩妈妈一定要让小猩猩深刻

·惹不起的黑猩猩部落

黑猩猩是一种群居动物，它们会组成一个个部落，并且每个部落会有自己的首领。它们的首领会带领它们开拓疆土，就像古代的民族部落一样。在这个过程中，有时还会上演较大规模的战争。

体会守礼的重要性。**在黑猩猩的社会中，互相给对方抓跳蚤是加强感情纽带的一个好方法，**因此也是黑猩猩妈妈着重教给小猩猩的一课。

黑猩猩妈妈也会细心地把利用工具捕捉食物的方法教给孩子。比如在教小猩猩捕捉白蚁时，黑猩猩妈妈会把它们带到白蚁窝做示范。先把树枝上的小枝条去掉弄成木棍，再插进白蚁窝，接着就耐心地等待白蚁爬上树枝，最后当然是美美地舔食树枝上的白蚁了。黑猩猩妈妈会连续示范很多次，然后才把小猩猩放在白蚁窝前面，把树枝递给它，让它进行尝试。之后，黑猩猩妈妈会一直在旁边指导，直到小猩猩成功为止。

爱与被爱

在黑猩猩妈妈的照顾和教导下，小猩猩逐渐长大了，并在13～15岁的时候组

建自己的家庭。不过，有些小猩猩在长大后也不会离开自己的妈妈。在猩猩的族群中，年老的猩猩所具有的智慧非常重要，而且还可以抚慰小猩猩，这也是长大后的小猩猩不离开妈妈的原因之一。它们通常会在妈妈的巢穴附近筑巢，就是为了可以随时接受妈妈的教导和安慰。

它们的关系如此亲密，因此当黑猩猩妈妈死亡时，小猩猩会受到极大的打击。有时候，它们还会不吃不喝地一直怀念母亲，甚至会因此生病或死亡。

天天挪窝的黑猩猩

黑猩猩主要生活在树上，以树木的果实和叶子为食，就连睡觉时也不会爬下来。而且它们经常迁徙，因此几乎每天都要筑巢。在这个过程中，小猩猩也会从妈妈那里学到用树枝和树叶筑巢的本领。

2 鸟类宠爱幼崽的方式

为了喂食，燕子每天都要往返几百次

饭！饭！饭！我要吃饭！

“叽叽喳喳！叽叽喳喳！”

初夏的农村，屋檐下的燕巢一刻也不得安宁。刚出生不久的小燕子整天都张着大嘴，吵闹不休。但你知道吗？它们的叫声其实就是在说：“饭！饭！饭！我要吃饭！”

小燕子的胃口究竟有多大，为什么整天都在要吃的呢？

小燕子有的只是一张嘴

燕子是夏季候鸟，每年春天就会来到北方，然后在深秋时节飞回南方。但严格来说，它们其实也不能算是过客。因为它们会在北方产卵并孵化、养育燕子宝宝。从这个角度来说，北方也可以说是

•空手捕食飞虫

啄木鸟有着又长又锋利的嘴巴，它们可以啄开树皮，获取食物。但是燕子的嘴巴很短，不擅长在树洞中寻找食物，所以它们只好利用自己“敏捷”的优势直接在空中捕食飞虫。

•“燕窝”是燕子的窝吗？

“燕窝”是一种非常名贵的药材，而且富含营养，是一种上等补品。不过，“燕窝”可不是我们平时见到的燕子窝，而是雨燕和金丝燕用唾液和其他物质做成的窝。平时所说的燕子窝是燕子辛辛苦苦从外面衔来的树枝和草做成的，是不能吃的。

燕子的故乡。

在春天来到北方后，燕子就会在农家的屋檐下筑造自己的爱巢，然后生下3～5枚蛋。燕子的孵化时间为13～18日，之后小燕子就会破壳而出。

刚出生的小燕子是紧闭着眼睛的，而且根本就没有羽毛。此时的它们力气很小，连独自站立都很困难。不过，小燕子却有一项过人的本领，那就是吃。

燕子主要以苍蝇、蚊子等飞虫为食。小燕子还飞不起来，因此只能吃父母给它们衔回来的食物。它们的食量非常惊人，刚吃完又开始叽叽喳喳了。它们的嘴也很大，从上往下看，我们看到的只有它们的嘴。

刚有了一窝宝宝的燕子父母在宝宝们的催促下，每天都要衔回好几百次的食物。偶尔想在家里休息一下，也会在燕子宝宝们的连声催促下急忙动身寻找食物。

既要喂食物，也要收拾爱巢

小燕子不仅吃得多，拉得也多。如果一直都不收拾的话，燕巢很可能会变成燕粪窝。如果燕巢里的粪便一直都不除掉，不仅看起

•农民口中的“益鸟”

很多时候，燕子会选择在农家小屋的屋檐上修筑巢穴，虽然有时会把地面搞脏，但是农民伯伯却很少会驱赶燕子。因为燕子是一种“益鸟”，是农田小帮手，它们可以捕捉害虫，可以吃掉蚊子和苍蝇等。

燕子

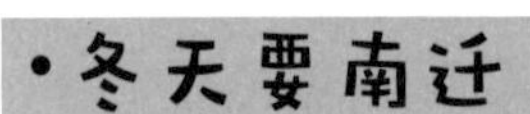

•冬天要南迁

每到冬天，燕子就会举家迁往南方。因为北方的冬天太冷了，飞虫们也藏了起来，饥寒交迫下，燕子们决定暂时远离家乡飞往温暖的南方。它们往往不会带粮食出门，所以在搬家的路上也要去寻找食物。

•燕子回来了，春天也到了

等到寒冷的冬天离开，春天到来的时候，燕子们又会飞回北方的家，所以很多北方的人把燕子当作春天的象征。不过南方就不同了，燕子的南归，往往令人想到悲凉的秋天，令人伤感。

来不美观，还可能会发生其他一些严重的事情。

首先会滋生寄生虫，损害宝宝的健康；其次，如果蛇或黄鼠狼闻到粪便的味道就会来狩猎。

因此，燕子父母会努力清除燕巢里的粪便。它们会衔着粪便出去狩猎，然后将粪便丢到离巢较远的地方。

在外面睡不安稳的燕子父母

在燕子父母的精心照顾下，小燕子长得很快。破壳后两个星期，它们就已经长得和父母差不多大小，并试着扇动翅膀了。在这个时期，燕子父母是最辛苦的。因为宝宝们体形变大，食量也就随之增加，而且在燕巢里占据的空间也会变大。因

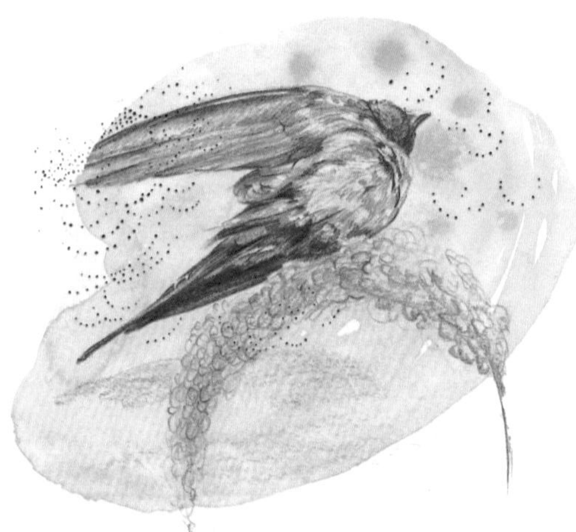

·令人羡慕的爱情

燕子们常常成双成对地出门，形影不离，它们的爱情常常令人羡慕。所以燕子自古便是一种美好爱情的象征，比如唐朝诗人李白曾在《双燕离》中写道："双燕复双燕，双飞令人羡。"

此，燕子父母不仅要更频繁地出去捕猎，还可能要在外面过夜。

夜晚不仅寒冷，而且也是很多“猎人”出来活动的时机，其中不乏对大燕子**垂涎欲滴**的“猎人”。在如此恶劣的境况下，燕子父母也会**无怨无悔**地选择在外过夜。此时，它们的愿望只有一个，那就是，在深秋返回南方之前，宝宝们可以安全地生活下去。

燕子低飞真的是要下雨的征兆吗？

通常来说，快下雨的时候气压降低、湿度升高。此时，蚊子、蜜蜂、蜉蝣等燕子吃的主要的食物都会飞得低低的，燕子当然也只好在低空飞翔了。因此，燕子低飞的话，即将下雨的可能性还是很大的。

深度了解

在鸟类的世界里，大部分都是雌鸟和雄鸟共同照顾宝宝

大部分哺乳动物都是雌性养育幼崽，这会不会是因为只有雌性才可以生崽和喂奶呢？

但在鸟类世界里，大部分都是雌鸟和雄鸟一起照顾幼崽。因为，雄鸟也可以孵卵和衔食。而对幼崽来说，父母轮流衔食回来也是大有好处的——不仅可以极大地保证爱巢的安全性，而且可以增加食物来源，确保幼崽的健康成长。

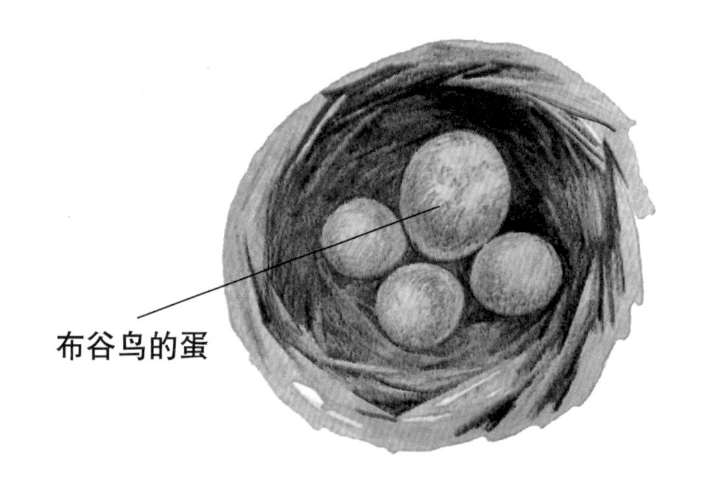

在鸟类中，也有把自己的蛋交给别人来孵化和养育的“厚脸皮一族”，其中的代表就是布谷鸟。布谷鸟不会筑巢，而是跑到红头伯劳、山麻雀、云雀的窝里产卵。趁“主人”外出的时候，布谷鸟就会跑进窝里挤掉其中的一枚蛋，然后把自己的蛋下在窝里。对此毫不知情的“主人”一直都把布谷鸟的蛋当作自己的蛋来孵化。刚出生的小布谷鸟会做出一件非常可怕的事情，为了独占养父母衔回来的食物，小布谷鸟会拼命地把其他的蛋和幼崽挤出去。

把其他蛋挤出去的小布谷鸟

在酷寒中孵蛋的帝企鹅爸爸

奇怪的行走姿势

4月末是南极的入冬时节，越来越多的帝企鹅就在这个时候聚集到了峭壁下的冰面上，寻找避风处。和其他企鹅相比，帝企鹅的腿太短，因此走路的样子非常**滑稽**。这些慢慢聚集起来的帝企鹅行动有点奇怪，它们不仅**步履蹒跚**，而且还**小心翼翼**，仿佛生怕弄坏什么东西一样。

原来，这些帝企鹅的脚面上放着什么东西。到底是什么呢？再仔细一看，那个白色的椭圆形物体不就是它们的蛋吗？这些帝企鹅就是生怕把蛋弄坏，所以才会走得这么奇怪。

其他的企鹅都已经难耐冬季的严寒离开了这里，这些帝企鹅为什么还留在这里呢？而且还带着它们的蛋……

•为了生存下去，把自己吃成了胖子

在世界上最冷的地方生存，如果没有精良的保暖装备是不行的。帝企鹅们没有暖气，也不能烤火，所以它们只能靠自己厚厚的皮毛和脂肪来保暖。如果因为爱美，节食减肥的话，那么它们可能就会被活活冻死。

在严寒的冬季孵蛋的帝企鹅

帝企鹅是现存企鹅家族中体形最大的，完全成熟后高达120厘米，重约50千克。它们主要生活在南极周围的海域，以各种鱼类和乌贼为食。企鹅虽然飞不起来，却个个都是**游泳健将**。它们每小时可以游8～15千米，潜水18分钟，还可以沉入水下520米深。

而且，这些帝企鹅有一个独特的习惯。**生活在南极的其他企鹅一般都选择在食物丰富的夏季交配、产卵和孵化后代，但帝企鹅却选择在其他企鹅都会离开的冬季交配和产卵。**这是为什么呢？

帝企鹅孵蛋需要60多天，小企鹅出生后要接受约40天父母的喂养。之后，小企鹅就长得和父母一样大了，可以到海里独自捕食。在寒冷的冬季交配、产卵、孵化，等小企鹅完全长大后就正好是食物丰富的夏季了，有助于它们独立。帝企鹅在寒冷的冬季产卵的目的

·带着食物归来的企鹅妈妈

企鹅宝宝出生后第一眼看见的不是自己的妈妈而是爸爸。企鹅妈妈们一生下蛋就会离开，难道它们不爱自己的孩子吗？不是这样的，实际上企鹅妈妈在生下企鹅蛋后，已经把能量快耗尽了，所以它们只能忍痛暂时离开自己的孩子和配偶。等到补充完能量后，它们就会带着食物回来和家人团聚。

•走路慢吞吞的帝企鹅

帝企鹅走路非常缓慢，它们总是迈着小碎步，缓缓地向前挪动。不过这样也有一个好处就是可以减少能量的消耗和热量的散发。在寒冷的南极中，保暖可谓是最重要的事情之一了。

•庞大的家族

帝企鹅是一种群居动物，它们喜欢成群结队地生活，它们常常组成一个巨大的队伍在冰面上缓缓前进。有时这支队伍的数量可以达到上万只，就像一支庞大的军队一样，非常壮观。

•潜水高手

为了寻找食物，帝企鹅练就了一身潜水和游泳的本领。它们可以潜水至几百米的深海中，而且一待就是十几分钟。潜入深海后，海里游动的鱼就可以看得更加清楚了。

帝企鹅

也在于此。

冬天，在地球上最冷的大陆孵蛋肯定是非常辛苦的。那么，帝企鹅是如何完成这件高难度的事情的呢？

由爸爸来孵蛋

在南极，冬天的平均气温达到−40℃，而且多是狂风肆虐或风雪交加的恶劣天气。帝企鹅就是在这样的环境下孵蛋的，而且还是**由帝企鹅爸爸独自孵蛋**。因为帝企鹅妈妈在产卵后，就有了新的使命，它要为了将来出生的孩子，进入茫茫的大海中寻找食物。

在这被冰雪覆盖的南极，帝企鹅爸爸究竟是如何孵蛋呢？

南极的冬天气温极低，企鹅蛋接触外部空气的话很容易被冻坏。因此，帝企鹅爸爸会小心翼翼地把蛋弄到自己的脚背上，再用腹部下方耷拉下来的一块肚皮紧紧地盖住蛋。然

•能准确在企鹅群中找到家人

为了抵御严寒，企鹅爸爸在孵化宝宝时，往往会结队而居。那么，外出好几个月的企鹅妈妈回来后会不会找不到配偶和孩子？可是神奇的是，妈妈们似乎不担心这个问题，即使离家好几个月，它们回来后也可以通过叫声准确地在企鹅群中找到自己的配偶。

后，帝企鹅爸爸就会带着自己的未来宝宝，慢慢地聚集在可以挡风的峭壁下，因为聚集在一起也可以帮助它们抵御严寒。

之后约两个月时间里，帝企鹅爸爸就要在严寒和大风下一直站着孵蛋，而且不吃不喝。如果它们去捕食的话，蛋就只能放在寒冷的冰面上，而这样一来蛋肯定很快就会冻裂。

帝企鹅爸爸身上的奇迹

要在两三个月的时间里不吃不喝，在寒风与冰冻中煎熬，等到小企鹅快要破壳而出的时候，帝企鹅爸爸的体重将减少一半左右。

在这个时候，帝企鹅妈妈会满载而归，回到丈夫和宝宝的身边，然后让宝宝从自己的嗉囊里吃上第一顿美餐。

见到伴侣回归后，帝企鹅爸爸总算松了一口气，它会迫不及待地把宝宝交给帝企鹅妈妈，然后动身外出觅食。不过，帝企鹅爸爸的任务还没有结束，它还要在找到足够的食物后回去和妻子换班，继续喂养宝宝。小帝企鹅出生后的40～50天里还没有独自捕食的能力，一直都要靠父母来喂养。

在世界上最冷的陆地，在连树木和草都无法生长的地方，帝企鹅用它们浓浓的爱意温暖着这里。

帝企鹅会不会得冻疮？

在寒冷的环境下，为了防止体温下降，人体的血管会自动收缩，和外部空气直接接触的部位供血情况就比较差。因此，人类很容易患冻疮。而鸟类就算在寒冷的环境下，血管也不会收缩，血液依然可以在全身循环流动，也就不会得冻疮了。尤其是帝企鹅，它们的皮肤比较厚，其中又以足部为最，它们体内的血管不会接触到冰面的寒气。因此，帝企鹅几乎不会有得冻疮的危险。

深度了解

地球上最冷的大陆——南极洲

南极洲位于地球的最南端，是七大陆地之一。如果把终年结冰的区域也算上，南极洲的面积就超过了欧洲大陆。

自古以来，南极洲一直是人迹罕至的地方，因为它不仅离其他大陆很远，而且自然环境也非常恶劣。

南极洲是地球上最冷的地方，年平均气温是 −25℃，冬季的平均气温更是达到了惊人的 −40℃左右。2013 年，科学家观测到南极洲东部的气温是 −93.2℃，这也是人类迄今为止观测到的最低气温。

此外，南极洲常年都刮着大风。尤其是在海岸区域，常年都刮着风速达到每秒 20 米的狂风，有时候连续几天都是遮天蔽日的暴风雪。

在这种恶劣的天气下，任何树木都无法生存，因此南极洲只有三种开花植物和各种地衣。不过南极的海洋却有丰富的资源，生活着种类繁多的生物。比如，浮游植物、以浮游植物为食的磷虾、以磷虾为食的蓝鲸和长须鲸等。企鹅、海豹和海燕以各类海洋生物为食，也是南极的居民。

假装受伤的环颈鸻

在河边下蛋的鸟

在满是碎石的河边，一只有着褐色羽毛的小鸟飞了下来。只见它蹦蹦跳跳地在河边左顾右盼，仿佛是在寻找什么东西。

不久后，这只鸟重新飞起来落到了河边某处，然后就停了下来。不一会儿，鸟儿一连下了4枚蛋，而且蛋的颜色也和旁边沙砾的颜色相近。

原来，它一直在寻找下蛋的地方。可是，这里连一个遮挡的东西都没有，这些蛋岂不是很危险?

为什么在河边下蛋?

这只胆大的鸟儿就是我们在此要介绍的环颈鸻（héng）。

环颈鸻属于候鸟，生活在中国台湾湿地的环颈鸻会在春季飞到韩国，然后一直待到秋季。它们比麻雀还要小一些，通常出没在河边、海边或湖边，主要以各种小虫子为食。

从4月下旬至7月上旬，环颈鸻一共会生下3～5枚蛋。它们就在那些毫无遮挡的河边碎石堆或沙滩上把蛋生下。

大部分鸟类一到繁殖季节，都会努力在相对安全的地方筑巢，因为鸟蛋和幼崽是没有力量保护自己的。有些鸟儿甚至会在峭壁上的岩石下筑巢。那么，这些环颈鸻为什么敢这么大胆地在毫无遮拦的水边下蛋呢？

环颈鸻不仅自己有保护色，蛋和幼崽也有保护色，和碎石或沙砾的颜色相近，而且蛋的大小和河边常见的碎石差不多，因此很难被敌人发现。这也是环颈鸻如此胆大的原因。

宝宝，不要担心！妈妈来了！

环颈鸻出生后不久就能站起来行走，而且等

• 是孤僻还是精明？

在觅食时，环颈鸻往往会选择独自行动。这难道是因为它们性格孤僻吗？其实与其说它们孤僻，倒不如说它们很精明。环颈鸻觅食时习惯边走边觅食，有时候在急速奔跑的时候突然来个急刹车，以便捕食水中那些还未躲起来的底栖生物，这样一来，如果大家聚集在一起的话，就容易干扰对方，所以它们喜欢单独觅食。

•近水安家

作为中小型涉禽，环颈鸻对水的喜好简直无以言表。它们生来就是一种适应于在浅水或岸边生活的鸟类。经过长期的进化，它们已经形成了适应湿地生活的特征。对于它们来说，湿地就是它们的家，在那里，它们可以填饱自己的肚子，可以自由自在地玩耍……

羽毛干透后就可以跟在妈妈后面学习捕食方法了。

对环颈鸻一家来说，这段时间是最危险的。虽然环颈鸻有保护色，但这在它们移动的时候却没什么作用。想想，“石头”怎么会自己移动呢？

如果看到敌人，环颈鸻妈妈就会做出让人感动万分的举动。为了给宝宝们赢得逃跑的时间，它会以自己为饵，拼命地引诱敌人。

看到敌人接近自己的宝宝，环颈鸻妈妈会发出尖锐的鸣叫。等到敌人的目光转移到自己身上后，它还会耷拉着一侧的翅膀或瘸着腿，装出一副受伤的样子。看到比环颈鸻宝宝们更大的食物，而且这个食物还受了伤，又有哪一个敌人会放过呢？

当敌人转头扑过来的时候，环颈鸻妈妈演得就更逼真了。它蹦蹦跳跳地向远处逃去，就算飞也飞不远，却总是能逃出敌人的魔爪。这样敌人会更加执着地追逐环颈鸻妈妈，根本顾不上环颈鸻宝宝了。

当环颈鸻宝宝藏得差不多的时候，逃到远处的环颈鸻妈妈才会放心地展翅飞翔，真正地逃离敌人。

•谁偷了环颈鸻妈妈的蛋？

环颈鸻妈妈总是很大胆地把蛋下在沙滩上，它们以为蛋的颜色和周围的环境相似就会很安全。但是有一些偷猎家伙太精明了，例如生活在周边的田鼠和黄鼬，它们有时就会去偷蛋，甚至连刚孵出来的小宝宝也不放过。

环颈鸻

•环颈鸻的“服装”

如果动物界有时装周，环颈鸻的服装绝对很吸人眼球，虽然它的衣服没有很亮眼的颜色，但色彩搭配既有特色又很协调。在它们的颈部，有一条白色项圈，这大概就是它们名字的由来吧。

•动物界的“奶爸”

在环颈鸻的世界里，“父亲”也是有义务孵卵和照顾幼鸟的。鸟妈妈和鸟爸爸似乎商量好了似的，会轮流孵卵。

为了子女，环颈鸻可以不顾生命安危

环颈鸻虽然长得小，但它们对子女的爱意却一点儿都不少。为了宝宝的安全，它们可以以自己为饵来引诱敌人。它们在敌人面前演戏的时候，肯定也会很害怕吧？这可能就是人们常说的父母对孩子的爱比海还要深，比天还要高的表现吧。

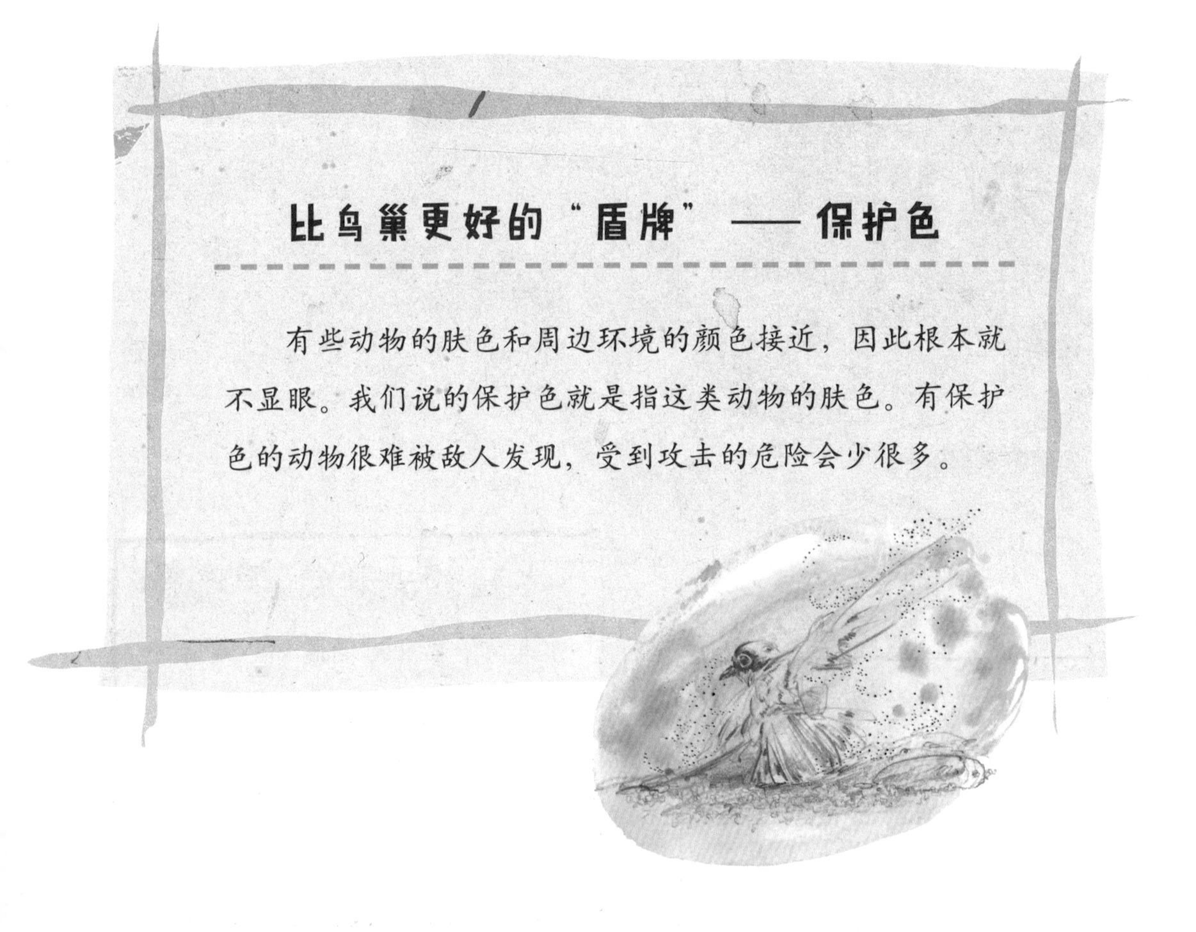

比鸟巢更好的“盾牌”——保护色

有些动物的肤色和周边环境的颜色接近，因此根本就不显眼。我们说的保护色就是指这类动物的肤色。有保护色的动物很难被敌人发现，受到攻击的危险会少很多。

不惜向飞机发起冲锋的美洲鸵爸爸

不会飞的鸟

美洲鸵生活在南美的草原区域，身高可达1.2米，重约22千克，可以说是鸟类中的“巨人”。可能就是因为太大了，它们怎么也飞不起来。

和大多数鸵鸟一样，美洲鸵也有强健而修长的双足，善于奔跑。但是，繁殖期的美洲鸵却有一个奇怪的现象，那就是由美洲鸵爸爸带领数十只雏鸟，而美洲鸵妈妈则不见踪影。这是为什么呢？

这么多蛋，我该怎么办？

当草原上万物复苏，嫩芽破土而出的时候，美洲鸵的心也

蠢欲动。迎来自己的发情期后，雌鸟和雄鸟都会忙碌地寻找自己的配偶，其中又以雄鸟更加忙碌。

在吸引雌鸟的时候，雄鸟会尽力展开翅膀，展示自己的强健。在发情期，它们几乎每时每刻都在展翅。这些雄鸟在和一只雌鸟交配后，又开始展开翅膀，寻找下一只雌鸟。每年的发情期，一只雄鸟都会和数只雌鸟进行交配。

雌鸟产卵后会把蛋全都交给雄鸟。几乎每只雌鸟都会连续一星期一天产卵一次，因此留在雄鸟身边的蛋最终可达数十枚。在接下来的时间里，雄鸟就会成为宝宝们最值得信任的好爸爸。

•不会飞的鸟类

鸵鸟长着一双大翅膀，而其本身也属于鸟类，但它却不会飞。不过，腿部肌肉发达的它们却是非洲草原上出了名的跑步健将，它们的冲刺速度有时甚至可以达到每小时70千米以上。

•令人畏惧的强有力的大腿

可能是长期奔跑的原因，鸵鸟长着一双粗壮有力的双腿，这也是它们防卫自身的绝佳武器。就连狮子和豹子都害怕鸵鸟的双腿，因为一旦被它们踢中，那可不是开玩笑的，不死也要受重伤。

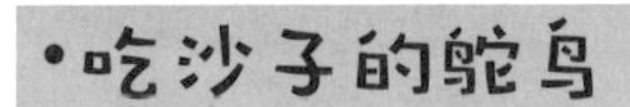

•吃沙子的鸵鸟

鸵鸟是一种杂食性动物，它们吃植物，也吃昆虫、软体动物、小型爬行动物等。但令人惊奇的是，它们还吃沙子。沙子没有营养，又不能提供能量。它们为啥要吃沙子呢？其实它们吃沙子并非为了果腹，而是为了帮助消化食物。

美洲鸵

•另做他用的双翅

鸵鸟不会飞，那是不是它们的翅膀就没有用了呢？当然不是。鸵鸟的翅膀虽然不能飞翔，却有其他作用。当它们求偶时，漂亮的羽毛可以帮助它们吸引异性；当它们孵化宝宝的时候，巨大的翅膀还可以用来遮挡阳光；当它们疾奔时，张开的双翅还可以维持身体的平衡。

发情期的雄鸟会在地面挖出一个浅浅的坑，然后用树枝和草茎围起来，做出一个很大的巢。接下来，它会小心翼翼地把妻子们产下的蛋挪到鸟巢里，开始孵蛋。此时，雄鸟也会像其他孵蛋的鸟类一样偶尔站起来用喙轻轻地翻动那些蛋，使温度可以均匀传递给每一个蛋。

如此度过6周时间，雏鸟就会一个一个地孵化出来。这些雏鸟刚一孵化就可以独自行走，但雄鸟是不会让它们暴露在危险当中的。这些蛋是数只雌鸟在一个星期里产下来的，因此孵化出来的时间有早有晚。雄鸟会一直等到所有的雏鸟都孵化出来，再领着一群孩子觅食，并努力保护着它们。

成年的美洲鸵吃的主要是草，但雏鸟吃的却是昆虫。因此，雄鸟带着一大群雏鸟到处走动，告诉它们哪里的昆虫比较多、哪些昆虫可以吃。此外，晚上休息的时候雄鸟也会用自己的身体保护雏鸟，以免朝露落到它们身上。若是有大风吹来，雄鸟还会把身体转过去，帮雏鸟挡风。

若是看到有物体接近雏鸟，雄鸟会不管三七二十一，冲上去一阵乱踢。让人悲哀又让人敬佩的是，由于护犊心切，雄鸟有时会错误地朝着疾驰的汽车或轻型飞机冲上去，轻则受伤，重则丧命。

世界上最快乐的事情就是照顾宝宝

寒风刮起的时候，雌鸟就会重新回到丈夫和宝宝们的身边。而在这之前，它一直独自在草原上**流浪**。当雌鸟回来的时候，雄鸟会有什么表情呢？“我是不是很厉害？虽然没有妈妈，但宝宝们

•超级耐热和耐渴

鸵鸟总是穿着厚厚的“衣服”生活在高温地带，真是奇怪的动物。其实它们的“衣服”更像是高效的防晒衣。它们的羽毛具有隔热的效果。除此以外，它们还有发达的气囊和良好的循环系统来调节体温。所以它们非常耐热，而且还非常耐渴，几个月不喝水都没事。

长得多健壮啊！”

它是在炫耀吗？还是憧憬着来年的夏季，再次当爸爸呢？

美洲鸵为什么飞不起来？

善飞的鸟类在胸骨腹侧正中都有一块纵突起，因其形状与船底的龙骨类似，因此也被称为“龙骨突”。翼肌就附着在龙骨突上。不过，美洲鸵虽然也有龙骨突，但是一点儿都不发达，而且也没有翼肌。

把羽毛弄湿给蛋降温的牙签鸟

在可怕的鳄鱼面前……

午后，几只巨大的鳄鱼聚集在河边晒着太阳，还频频打着呵欠。忽然，一只小鸟飞了下来，无所畏惧地从鳄鱼身边走过，走进了水里。只见它小心翼翼地把腹羽浸湿，然后急匆匆地重新从鳄鱼身边走了过去。在这些可怕的鳄鱼面前，这只小鸟演的究竟是哪出戏?

•鳄鱼的朋友

牙签鸟真是一种神奇、胆大的鸟，它们竟然和鳄鱼做朋友。不仅如此，它们还时不时地“自投罗网”，主动飞进鳄鱼的大嘴巴里。不过一向凶狠，让其他动物难以靠近的鳄鱼却唯独对牙签鸟很温柔。其实，它们的友谊也不过就是建立在互惠互利的基础上的。

我是鳄鱼的朋友

从鳄鱼身边走过去的这只小鸟就是牙签鸟，也称为“鳄鱼鸟”，主要生活在非洲的河边、湖边。虽然看起来很漂亮，但它们的食物却是鳄鱼牙缝里的肉屑和寄生虫。鳄鱼鸟的名称

•鳄鱼的御用“剔牙师”

凶猛的鳄鱼总是喜欢吃肉，有时候食物残渣会塞在牙齿里，带来不舒服的感觉，而它们自己又无法剔牙。牙签鸟身形很小，它们可以飞进鳄鱼的嘴里，帮鳄鱼啄食牙缝里的残渣。

•不怕鳄鱼却惧怕人类

牙签鸟看似很胆大，连鳄鱼都敢亲近，但它们却惧怕人类。虽然它们也常常会在人类居住的房屋周边活动，但是它们却始终会和人类保持一定的安全距离。

也由此而来。

和环颈鸻一样，牙签鸟也会在毫无遮挡的水边产卵，而且卵和雏鸟也都有保护色。出去狩猎的时候，牙签鸟偶尔也会用沙砾把卵藏起来。

但在这个世界上，也有保护色解决不了的问题，那就是热带草原的炽热阳光。

羽毛虽湿，但心中却充满了对宝宝的关爱

孵蛋对温度有严格的要求，最好是保持在33℃左右，偏低或偏高的话，宝宝就可能会停止生长甚至腐烂掉。牙签鸟生活的地方是毫无遮挡的水边，每天都会受到阳光的照射，看到自己的宝宝在阳光下暴晒，牙签鸟的心都要碎掉了。

平时，牙签鸟也会在水边捕食昆虫，却不会进入水里。因为它们不仅不会游泳，而且不小心把羽毛弄湿的话很有可能就飞不起来了。但是在繁殖期，这些

牙签鸟就不会顾忌这种危险，而是频频跑到水里把羽毛弄湿后再回来，努力降低蛋和雏鸟的温度。

宝宝们，你们就在妈妈的怀抱里乘凉吧

等到雌鸟把羽毛浸湿后回巢，雏鸟就会在雌鸟的身体上尽情摩擦，并用自己的喙从妈妈浸湿的羽毛中吸取水分，缓解干渴。为了让宝宝们可以在烈日下生存下来，雌鸟每天都会在鸟窝和水边往返无数次。

不会筑巢的小鸟

牙签鸟可以说是环颈鸻的远亲，它们都不会筑巢，而是直接在地面产卵。这主要是因为它们的蛋和雏鸟都有保护色，在沙滩上或碎石滩上不容易被敌人发现。

3 水生动物如何照顾宝宝

坚守孵化场的尼罗鳄

死了，还是活着？

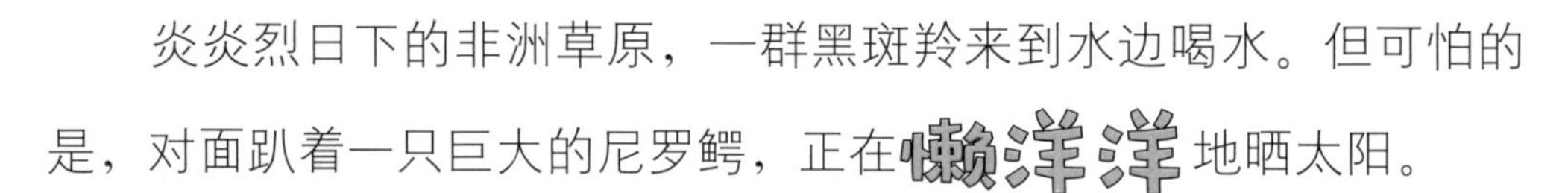

炎炎烈日下的非洲草原，一群黑斑羚来到水边喝水。但可怕的是，对面趴着一只巨大的尼罗鳄，正在懒洋洋地晒太阳。

不过这只鳄鱼明明看到了对面的黑斑羚低着头喝水，却无动于衷，依然保持着原来的姿势。这只鳄鱼是不是不舒服？美食就在眼前，它为什么会一动不动呢？

残暴的热带狩猎者

尼罗鳄主要生活在非洲大陆和马达加斯加岛的河水和湖

> **•鳄鱼是不是鱼？**
>
> 也许是因为鳄鱼体形长得有点像鱼类，又常常生活在水里的原因，于是人们通常称呼它们为鳄鱼。鳄鱼其实是爬行动物，并且是水陆两栖动物。它们的呼吸器官是肺而非腮，所以它们并非鱼类哦！

•尼罗鳄吞石沉底

令人难以置信的是，尼罗鳄竟然连石头也吃。原来，它们吞石头是为了沉入水底时，可以更好地保持身体平衡，另外还可以帮助消化食物。

水中，长度有5～6米，重量可达1吨。

平时，尼罗鳄藏身于水中，以前来喝水的各种动物为食。尼罗鳄的力气非常大，就算是体形高大的斑马也难逃它的毒手。

因为尼罗鳄的存在，热带草原上的食草动物都不大敢来喝水。就算是来喝水，也会先环顾四周，确定安全后再低头喝水。

不过有些时候，这些食草动物是不会害怕尼罗鳄的，那就是尼罗鳄产卵后的3个月。此时的尼罗鳄会一动不动地待在水边，就算胖嘟嘟的小黑斑羚出现在不远处，它也不看一眼。这是为什么呢？

我的蛋，我来守护！

答案很简单，那就是为了守护自己的蛋。

一到繁殖期，雌鳄就会在水边挖出一个大洞，做一个简单的孵化场，然后在里面产下约50个蛋，再用泥土和沙砾盖住。之后，雌鳄就会趴在孵化场旁边一动不动。鳄鱼蛋是鬣狗和巨蜥最爱的美食，而雌鳄为了让自己的蛋免遭它们的毒手，就会一直守在孵化场。

鳄鱼的孵化期为80天左右，在这段时间雌鳄什么都不会吃。就算美味的食物一直在眼前晃荡，就算暴雨如注，雌鳄也会像个石像

•因为一身鳄鱼皮而濒临灭绝

鳄鱼的皮是高级皮包的珍稀材料，用鳄鱼皮做出来的包非常耐用，深得众人喜爱。要想获得鳄鱼皮就必须捕杀鳄鱼，鳄鱼也因此遭到灭绝的危险。尽管鳄鱼本身很凶猛，但是在利益的驱动下，人们还是用各种方法大肆捕杀鳄鱼，导致鳄鱼的数量骤减。

尼罗鳄

•狡诈的鳄鱼

总有一些倒霉的动物在喝水的时候会死于鳄鱼之口，不是因为它们不够聪明，而是因为鳄鱼实在是太狡诈了。鳄鱼总是在猎物放松警惕畅饮清凉的水时，偷偷从水底靠近并偷袭它们，让它们猝不及防，还没反应过来就已经丧命。

•鳄鱼的眼泪

“鳄鱼的眼泪”是一句有名的西方谚语，传说鳄鱼在吃人之前会流下虚伪的眼泪。它们流泪其实只是一种生存需要，由于它们肾脏的排泄功能不是很完善，所以它们只能通过流泪来排泄体内过多的盐分。

一样一直守在孵化场。

等到宝宝们破壳而出时，雌鳄才会翻开孵化场的沙土，把宝宝们含在嘴里，一条一条地挪到水中。这当然也是为了保护宝宝免受乌鸦和巨蜥的攻击。此外，为了不让宝宝受到水中的大鱼或白鹳的攻击，雌鳄在接下来的几个星期里会一直陪着它们。

•挖洞以避旱

一到旱季，河流干涸，许多生物都因缺水而死。尼罗鳄似乎也从地面上消失了，难道它们也被渴死了吗？其实，尼罗鳄才不会这么容易死。它们只是躲到洞里去避暑了。每到旱季，它们就会在河岸上挖洞，然后躲在洞里不出来，直到下一个雨季到来。

虽然很凶残，却对自己的宝宝关怀备至

尼罗鳄是一种非常凶残的动物，它的震慑力在热带地区首屈一指。

可能也是因为这个原因，以前人们看到尼罗鳄口含小鳄鱼后，下意识地就断定它是连幼崽也不放过的恶毒父母。那时人们怎么也没有想到尼罗鳄对宝宝的爱竟然会如此之深。

尼罗鳄妈妈怎么判断宝宝们是否孵化出来了呢？

刚孵化出来的尼罗鳄还没有力气掀开头顶的沙粒自己爬出来，因此会发出一阵叫声。而尼罗鳄妈妈就是通过这些叫声来判断自己的宝宝已经孵化出来了。

给宝宝“喂奶”的七彩神仙鱼

这些家伙在别人的身体上干什么?

色泽各异的热带鱼正在**水族馆**里悠闲地游着，有红绿灯鱼，有黑裙鱼……每一条热带鱼都是那么好看。

在这些美丽的热带鱼中，有一种鱼非常特别，以至于其他的鱼仿佛都是它的衬

•想做一条领头鱼

七彩神仙鱼总是一群一群地生活在一起，在一大群鱼里会有一条个头比较大的领头鱼，而其他的则是跟着领头鱼行动。作为领头鱼，享有的福利非常多：当有食物时，领头鱼总是第一个吃；择偶时也是领头鱼先挑对象，然后才轮到其他的鱼。

托。因为这种鱼**色泽艳丽、姿态优雅**，所以又被称为“热带鱼之王”，它就是七彩神仙鱼。在清澈的水族馆里，七彩神仙鱼仿佛在巡视自己的领地一样，庄严而气派地畅游着。

有时我们仔细一看还会发现，七彩神仙鱼漂亮的鱼鳞上挂满了小东西，就像是寄生虫一样。这些家伙究竟是谁呢？为什么要贴到别人的身上去呢？

平时要想和鱼培养出感情是一件非常困难的事，但是七彩神仙鱼是一个例外。它们非常有灵性，如果给它们提供足够舒服的生活环境，尤其是优质的水，它们就会与自己的主人进行互动，可以认出自己的主人，当主人靠近时还会做出非常亲密的样子。

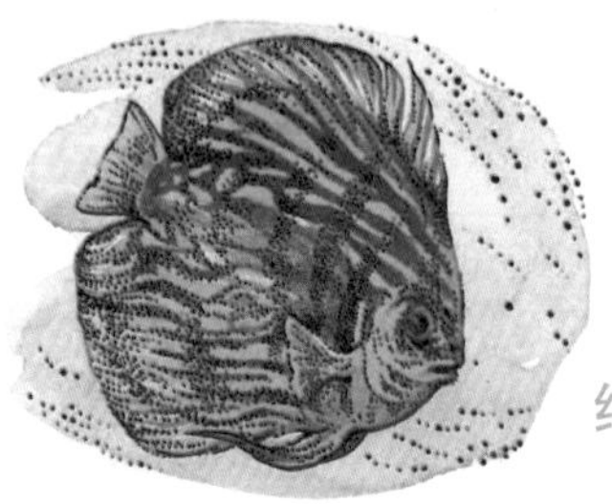
绿七彩神仙鱼

•眼睛受不了强光照射

七彩神仙鱼的眼睛位置很独特，它的眼睛长在头的两边，而且它们的眼睛很大，能在光线昏暗、视线模糊的水中看清物体。因为七彩神仙鱼长期生活在没有阳光直射的水域，所以它的眼睛适应不了强光。

红松石七彩神仙鱼
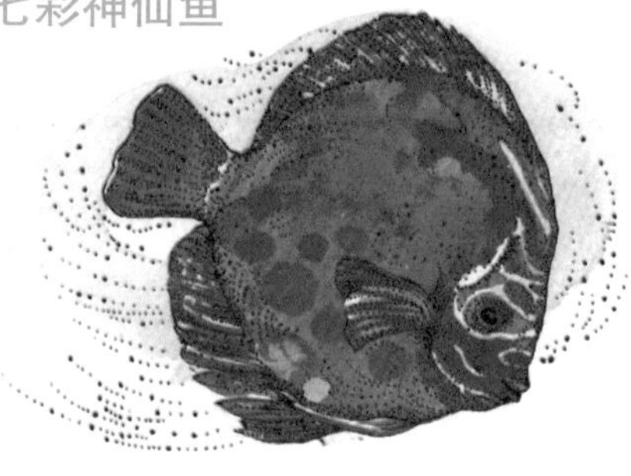

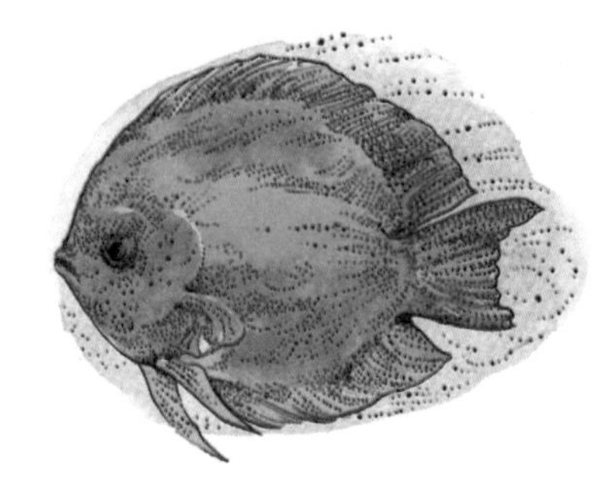
蓝七彩神仙鱼

•没有牙齿就是麻烦

想一想，如果没有牙齿，这该是一件多么不方便的事。七彩神仙鱼因为没有牙齿，所以它们吃食物时，只能吃进去再吐出来，然后再吃进去，通过上下颚来磨碎食物。

棕七彩神仙鱼

•七彩神仙鱼与神仙鱼

七彩神仙鱼是神仙鱼吗？其实并不是，虽然七彩神仙鱼有时也被称为“神仙鱼”，但它们并不是真正的“神仙鱼”。它们俩其实是不同的物种。“神仙鱼”是神仙鱼属，而七彩神仙鱼则是盘丽鱼属。

热带鱼之王——七彩神仙鱼

七彩神仙鱼主要生活在亚马孙河流域，以水里的各种小虫为食。七彩神仙鱼体长约20厘米，呈圆盘状，具有高雅的气质，惹人喜爱。因为它有着**优雅的仪态**与**美丽的色泽**，因此喜欢热带鱼的人总是称它为“**热带鱼之王**”。根据不同的色泽，它可以分为绿七彩神仙鱼、红七彩神仙鱼、棕七彩神仙鱼、蓝七彩神仙鱼等，每一种都玲珑剔透，煞是好看。

七彩神仙鱼也是众多热带鱼中最难饲养的一种。只要水质出现变化或周围比较吵闹，它们就很容易生病。如果没有大鱼的照顾，一段时间后小鱼们也会纷纷死亡。前面提到过的，**挂在七彩神仙鱼身上的那些小生物其实并非什么寄生虫，而是它们的小宝宝。**

给宝宝们“喂奶”

出生后一年左右，七彩神仙鱼就会寻找伴侣，产下200～500个卵。不论是雌鱼还是雄鱼，它们都会对子女照顾有加。成功产卵后，它们不仅会共同守护自己的孵化场，还会不停地扇动胸鳍，给那些卵提供新鲜氧气。

约3天后，小七彩神仙鱼就会孵化出来。在接下来的3天里，它们会吸收鱼卵中的营养成分。然后不约而同地朝亲鱼（公鱼和母鱼）游过去，密密麻麻地附在亲鱼身上。那么，这些小七彩神仙鱼为什么会做出这种举动呢？

•既像铁饼又像燕子

七彩神仙鱼因其变换的体色而得名。除了大名外，它们还有许多形象的小名。七彩神仙鱼又圆又扁的身体就像田径场上的铁饼，所以它的英文名又叫“铁饼”；从侧面看，它又像在空中飞翔的燕子，故又被称为“燕子鱼”“七彩燕”。

当小七彩神仙鱼快要出生的时候，雄鱼和雌鱼的皮肤就会分泌出特殊的“乳汁”。而小七彩神仙鱼之所以附在父母的身上，也是为了吸取这些“乳汁”。

爸爸的“乳汁”也很好

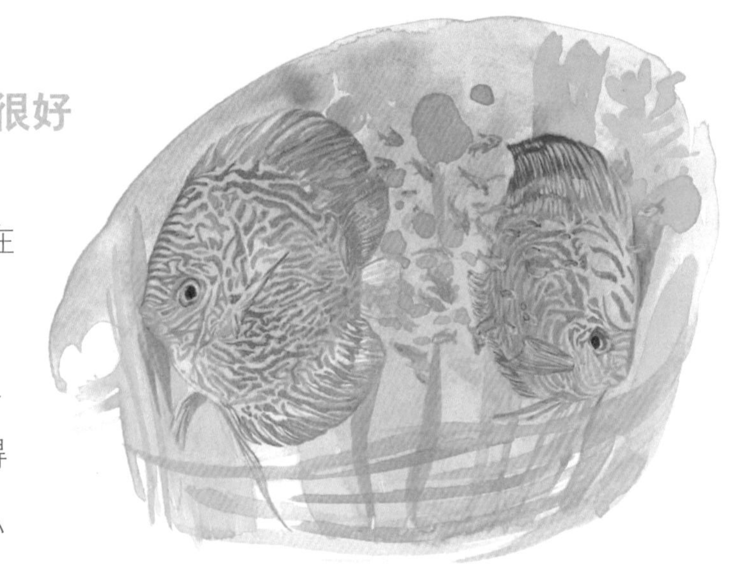

小七彩神仙鱼附在雌鱼身上吃奶的样子既神奇又有趣。而对雌鱼来说，这件事情就显得不那么好玩了，因为小

鱼的数量实在是太多了。可能是这个原因，七彩神仙鱼夫妇会轮流给小鱼“喂奶”。

喂2～3分钟奶后，雌鱼就会把小鱼抖掉，然后碰一下雄鱼。仿佛是在说：“孩子们，爸爸的‘乳汁’也很好。”而小鱼也非常合作，立即就一拥而上，依附在爸爸的身体上。

吃完妈妈的“乳汁”后就吃爸爸的，吃完爸爸的“乳汁”后再吃妈妈的……这些小七彩神仙鱼实在是太幸福了，是吧？

七彩神仙鱼会吃掉自己的卵？

在鱼卵快要孵化的时候，七彩神仙鱼偶尔会吃掉一些卵。不过这一般是在鱼卵本身出现问题时才会发生。很多鱼卵虽然看起来很正常，但可能无法孵化，而七彩神仙鱼具有判断鱼卵能否孵化的本领。吃掉这些鱼卵后，七彩神仙鱼可以补充自己的体力，让自己在接下来的时间里能够培育更多的小鱼。

深度了解

被破坏的“地球之肺”——亚马孙流域

亚马孙河是地球上第二长河。流经巴西、秘鲁、厄瓜多尔、哥伦比亚、委内瑞拉、圭亚那、苏里南、玻利维亚等多个国家，流域面积达到惊人的705万平方千米。

亚马孙流域水资源丰富，有着世界上最广阔的热带森林。这里的热带森林产生的氧气是全球供氧量的1/4，因此亚马孙流域也被称为“地球之肺”。

但从20世纪70年代中期开始，随着长达6751千米的公路建成，亚马孙流域被逐渐开发。亚马孙流域的主要产业是农业与畜牧业，因此有很多原住民都选择砍伐或烧掉森林，开垦出更多的牧场和耕地。

近几年，亚马孙流域的热带森林明显减少了。在早期开发的时候，即从20世纪60年代至2000年，仅巴西一个国家就有80万平方千米的森林消失了。

要知道亚马孙森林对地球的生态平衡起着重要作用，它可以吸收二氧化碳、产生氧气，可以调节气候。如果人们只顾眼前利益，导致这片森林从地球上消失了，那么在不远的将来，迎接人类的必将是巨大的灾难。因此，有越来越多的人为拯救亚马孙流域的热带森林而努力着。

为了守护孩子
不惜牺牲性命的刺鱼

谁胆敢抢我的孩子！

4月，泛着绿色的水底，有一群小鱼正快乐地游来游去。忽然，一条鲇（nián）鱼悄悄地接近了这群小鱼。就在这个时候，一位背生尖刺的“正义使者”拦在了鲇鱼的面前，它就是刺鱼。

刺鱼对子女的关爱极为强烈，它们可以拼了命地去守护自己的子女。事实上，刺鱼也的确比较厉害，至少不是鲇鱼之流可以随意欺凌的对象。如果被刺鱼的刺刺中，鲇鱼可能就无法活下去了。因此，看到眼前的这位“正义使者”后，鲇鱼只能灰溜溜地转身逃走。

•靠实力赢得配偶的青睐

光靠漂亮的外表吸引异性前来还不够，面对众多情敌，还要有足够强的实力才行。在交配之前，雄刺鱼往往要与情敌进行一番生死决斗。在这场夺妻战中，雄刺鱼是绝对不会对情敌手下留情的，战败的一方往往会被刺得遍体鳞伤。

宝宝们生活的小窝是否结实?

刺鱼最长也只有11厘米，但能战胜它的鱼类并不多。刺鱼的背部生有尖刺，如果不小心被刺到，就很不好受了，甚至连性命都保不住。

雄刺鱼长大后一直在大海里生活，直到3月份才会回到自己的故乡，迎接自己的繁殖期。此时，雄刺鱼的背部变成青色，鱼鳃和腹部呈淡红色。**在生物学上，这种在繁殖期变化的颜色就被称为“婚姻色”。**

雄刺鱼呈婚姻色后并不会立即去寻找雌鱼，而是先在河底构筑爱巢。它先是用嘴挖出河底的泥沙，形成直径5厘米左右的浅坑，然后收集芦苇叶、眼子菜细茎或根的碎片，筑成鸟巢状的鱼巢。**筑巢后，雄刺鱼才开始寻找和引诱雌鱼。它先把雌鱼带到鱼巢附近，让雌鱼在鱼巢里产卵，**然后自己再进巢排精。

雄刺鱼是个喜新厌旧的家伙，一条雌鱼在鱼巢里产卵后，它就去寻找下一条雌

•没有鳞片的鱼

作为一条鱼，刺鱼竟然没有鱼的标准配备——鳞片，不过幸好它们的体侧常有骨板保护，要不然就实在太危险了，而且它们除了背上长有刺外，腹部也长有刺。

•“婚后”本性暴露的雄刺鱼

找到配偶后，就要进入交配阶段了。雄刺鱼一开始还表现得很温柔，会通过跳舞一步步地引诱“新娘”前往洞房。但是有些“新娘”实在太“害羞”了，迟迟不肯进“洞房”，这时“新郎”便失去耐心，暴露出凶狠的一面，竖起背部的尖刺将“新娘”赶进去。

呈婚姻色的刺鱼

•被保护起来的小宝宝吃什么呢？

新孵化出来的小鱼身上还带着卵黄囊，游泳很不方便，所以外出是一件很危险的事，刺鱼爸爸绝不准它们出来乱跑。但是刺鱼爸爸守着巢穴不能出去觅食的期间，那宝宝们在巢里吃什么呢？别担心，它们还没出生前就已经准备好了食物，奥秘就在它们身上的卵黄囊，小鱼靠里面的营养物质生存，等里面的营养物质消耗完了，小鱼就可以自己觅食了。

鱼，直到卵把巢底铺满为止。而接下来，雄刺鱼会以一己之力照顾鱼卵和小鱼。

“妻子”留下来的珍贵礼物

雄刺鱼为下一代做的第一件事情就是给鱼巢提供新鲜的水。如

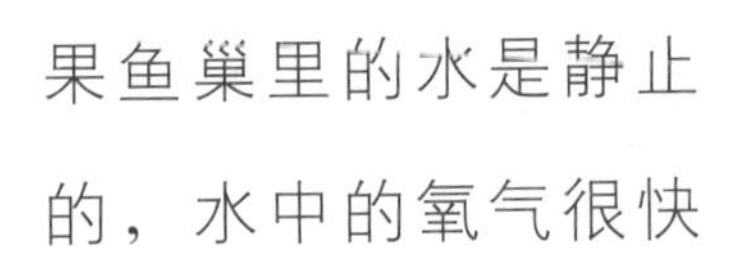

果鱼巢里的水是静止的，水中的氧气很快

·技术精湛又细致的工程师

在建造“房子”这件事上，刺鱼从来都不会马虎应付，因为房子的牢固程度直接关系着将来宝宝的安危。它们建房子时，水草为砖，体液为水泥浆，一砖一瓦地筑起爱巢。修筑爱巢后，它们还要反复往上泼水以检测房子的牢固性。

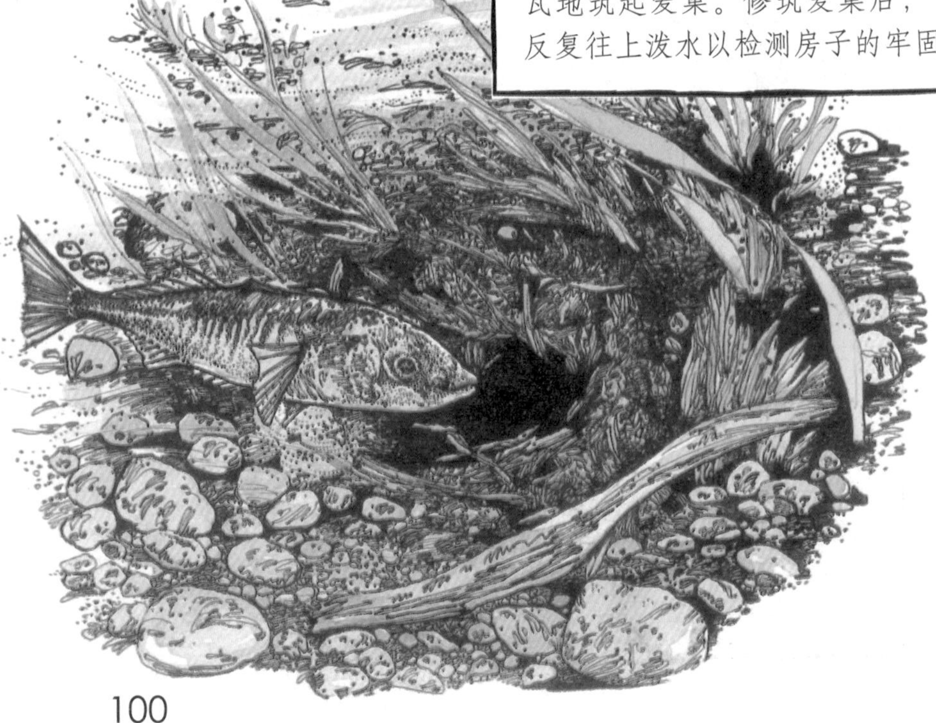

就会消耗一空，导致鱼卵腐烂。因此，雄刺鱼会频频扇动胸鳍，给巢穴内部不断地增加新鲜的水流，此外，它还会改变巢穴里鱼卵的位置，来帮助鱼卵均匀地吸收氧气。

鱼卵的孵化期约为8天，不过由于这些鱼卵产下的日期不一样，因此孵化出来的时间也各不相同。这就导致鱼卵开始孵化后，雄刺鱼异常忙碌。它不仅要给鱼巢提供新鲜的水流，还要防止先孵化的小鱼离巢，同时还要击退那些一直对鱼卵和小鱼虎视眈眈的狩猎者。

为了下一代奉献生命的刺鱼

在雄刺鱼的关爱下，小鱼们长得很快，到6月的时候小鱼身上的背刺就已经比较坚硬了。这表明它们已经做好了前往大海的准备。

到了这个时候，以前总是跟在小鱼后面的雄刺鱼却消失不见，不再露面了。

原来，当小鱼做好前往大海的准备时，雄刺鱼就会游进水草丛中，静静地等待死亡。在过去的几个月里，它实在是太累了，已经透支了生命。

平静迎接死亡的雄刺鱼将是这些小鱼的指路明灯，帮助它们顺利地游进大海。小鱼们会在下一年回到故乡继承父亲的工作——繁殖后代。

为什么刺鱼的鱼巢不会被水流冲走呢？

在筑巢的时候，刺鱼的肾脏会分泌出透明的黏液，由输尿管排出体外，把各种材料牢牢粘在一起。因此，刺鱼的巢穴就不会被水流冲走了。

筑泡巢保护鱼卵的圆尾斗鱼

浮在水面上的一团泡沫

7月的炎炎烈日下，凤眼莲叶子下面出现了**一团泡沫**。这团泡沫就这么浮在水面上，既不破裂，也不融化。这些泡沫究竟是从哪里来的呢？

让人惊讶的是，这些泡沫其实是从一种和树叶一般大小的小鱼嘴里喷出来的，这些小鱼就是圆尾斗鱼。那么，圆尾斗鱼为什么要喷出这些泡沫呢？

• 身披“战袍”的雄鱼

雄圆尾斗鱼对待宝宝的态度近乎极端的宠爱。它们不允许任何动物靠近自己的幼崽，即使是幼鱼的母亲也不行。如果雌圆尾斗鱼想看看自己的宝宝，那它们就可能会遭到雄鱼的攻击。

无法在水下呼吸的小鱼

圆尾斗鱼喜欢生活在湖泊、池塘等处，主要以各种小昆虫为食。乍一看，它们和鲫鱼相似，但事实上比鲫鱼要小多了，只有5～7厘米长，而且更加扁平。

在大部分鱼类无法生存的浑水里，圆尾斗鱼也可以正常生长。因为它们除了鱼鳃外，还有可以让它们在空气里呼吸的辅助呼吸器官。当水中的氧气不足时，圆尾斗鱼就会把头探出水面，利用辅助呼吸器官来呼吸。正因如此，就算是在氧气不足的浑水中它们也可以生存很长时间。

不过，并不是所有的圆尾斗鱼都能在水下和空气中自由呼吸。圆尾斗鱼鱼鳃的发育要比辅助呼吸器官的发育慢，因此刚出生的时候它们是不能在水下呼吸的。那些处于繁殖期的圆尾斗鱼在水面上喷气泡的目的就在于此，它们要在水面上筑巢，让刚出生的小鱼可以生存下去。

把卵粘在那些泡沫上面

雄圆尾斗鱼会在6～7月的繁殖期到莲池边的阴凉处喷出泡沫，在水面上构筑浮巢。筑完巢后，它们才会去找雌鱼来产卵。雌鱼在浮巢下面产卵后，雄鱼会立即授精，受精后的鱼卵由于比水重，会往下沉。此时，雄鱼会立即游下去把卵叼起

·喜爱幽暗的环境

圆尾斗鱼喜欢生活在幽暗的地方，而且它们晚上不太喜欢活动，更喜欢静静地待在水底。如果让它们长期生活在明亮的地方，它们漂亮的体色可能就无法呈现了，而且这样的生活对它们来说应该也是一种煎熬吧！

·因好斗而得名

斗鱼因喜斗而得名，在中国有2种：圆尾斗鱼和叉尾斗鱼。圆尾斗鱼主要分布于长江流域以往的广大地区；叉尾斗鱼分布于长江及长江以南各地。在产卵期，斗鱼集草成巢，雄鱼口吐黏液泡沫，让雌鱼在其中产卵，受精卵在泡沫内孵化。雄鱼会看护卵和幼鱼。

·捕蚊高手

圆尾斗鱼偏爱捕食孑孓（jié jué）（蚊子的幼虫）。孑孓一般栖息于低氧静水中，虽然普通的鱼难以在其中生存，但圆尾斗鱼可以，而且一天能捕食20多只孑孓，可以说是“控蚊能手”。

圆尾斗鱼

·伤口一旦感染可不是小事

圆尾斗鱼因为打斗而受伤后，伤口得不到处理，就只能暴露在外面。如果暴露在外面的伤口被细菌感染后，它就危险了，很有可能会因此丧命。

来，粘在浮巢上面。有趣的是，雌鱼产卵时肚子是朝上的，而雄鱼则贴在雌鱼的背部进行授精。

完成这些工作后，雌鱼就会一走了之，而雄鱼会留在浮巢下面守护着鱼卵。虽然那些泡沫都是雄鱼努力吐出来的，但毕竟是泡沫，终究会破裂。**泡沫破裂的时候，雄鱼都会立即吐出新的泡沫，并把掉下来的鱼卵重新粘在上面。**

每个浮巢上粘着40～50颗鱼卵，有时候会有好几个泡沫同时破裂，导致好几颗鱼卵同时掉下来。但是，雄鱼是不会放弃每一颗鱼卵的，它会不厌其烦地往来于水底和水面，一颗颗地重新把鱼卵粘在浮巢上。

在雄鱼的精心呵护下，4～5天后小鱼就会相继孵化出来，然后依附在那些泡沫上，畅快地呼吸空气。

如果泡沫破裂，小鱼就会无助地掉进水里，而慈爱的雄鱼会一次次地重新把自己的宝宝粘到浮巢上面。

依托着那团泡沫……

当小鱼的鱼鳃发育后，它们可以在水下呼吸了，雄鱼才会离开浮巢。在这之前，要是有谁胆敢接近浮巢，雄鱼一定会发起猛烈的

·有耐心的猎手

圆尾斗鱼在捕猎这件事上从来都不会缺少耐心。它们事先埋伏在水草丛中，一动不动，静静地等待送上门来的猎物。等待，静静地等待，等待最佳的时刻，对猎物一击即中。

攻击，驱逐入侵者。

这些小鱼是不是很幸福？因为它们可以在慈祥的爸爸的照顾下，乘着气泡美滋滋地浮在水面上。

被雄鱼逐走的雌鱼

雌圆尾斗鱼一共会产下40～50颗鱼卵，共耗时1～3小时，它们产完卵后就筋疲力尽了。因此，这些雌鱼偶尔还会吞吃自己刚产下来的鱼卵，以恢复体力。这也是雄鱼把产完卵的雌鱼赶走的原因。

产卵后一直守护洞穴的章鱼

洞穴里究竟有什么东西?

深海某处，一条章鱼端坐在自己的洞穴外，警惕地注视着周围。此时，对面不远处出现了一只**螃蟹**。这只螃蟹显然没有发现章鱼，爬着爬着竟然还停了下来。但是，平时最爱吃螃蟹的章鱼今天却一动不动地坐在洞口。它就像是古代的**守门将领**一样，绝不擅离岗位。

难道是章鱼在这处洞穴里藏了什么宝贝？为什么它要放过眼前的美食呢?

生活在洞穴里的章鱼

章鱼没有骨头，而且头和足相连，属于软体动物门头足纲。

我们熟知的乌贼、鱿鱼等也属于头足纲，而章鱼是其中最大的

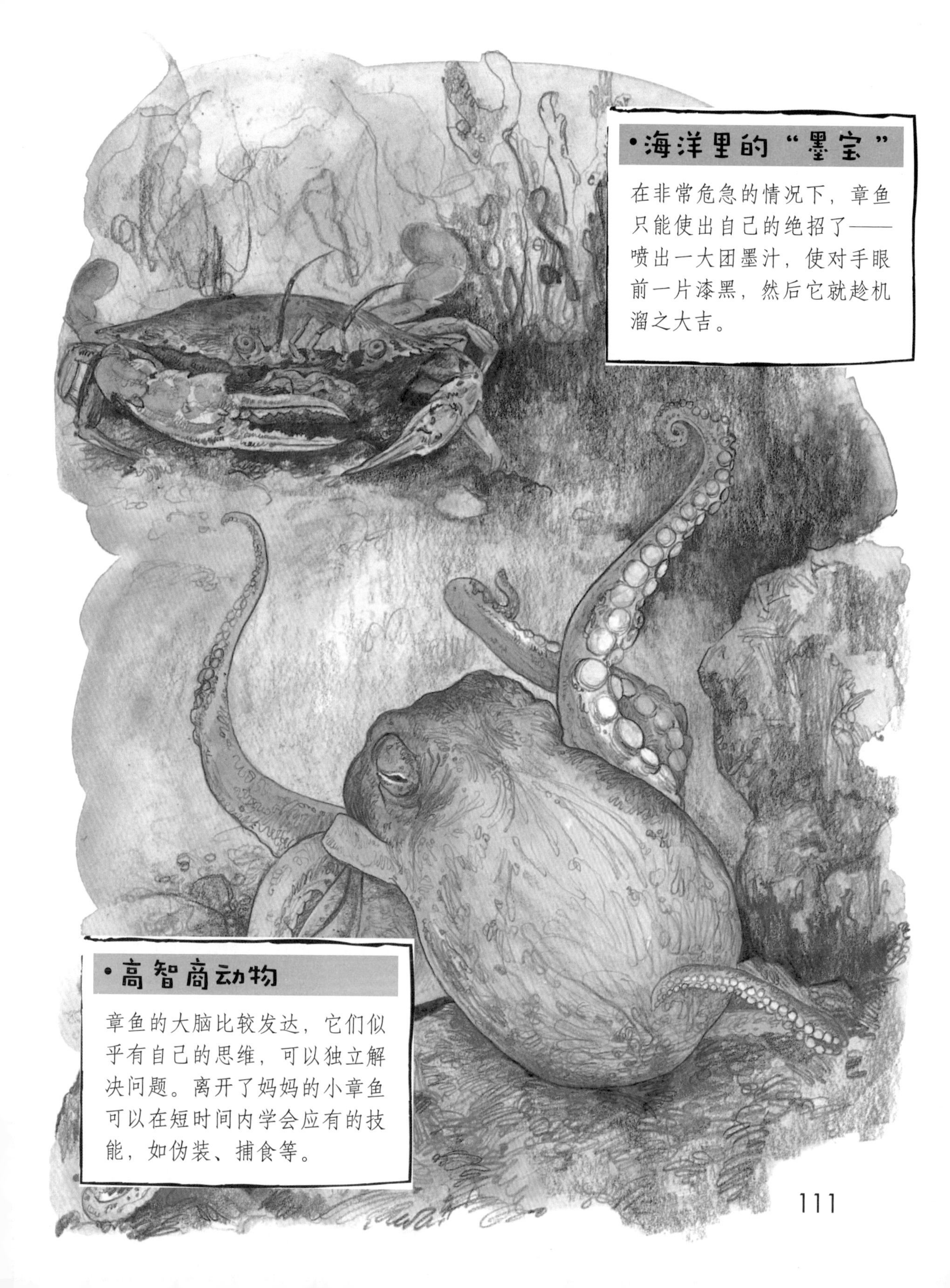

·海洋里的“墨宝”

在非常危急的情况下，章鱼只能使出自己的绝招了——喷出一大团墨汁，使对手眼前一片漆黑，然后它就趁机溜之大吉。

·高智商动物

章鱼的大脑比较发达，它们似乎有自己的思维，可以独立解决问题。离开了妈妈的小章鱼可以在短时间内学会应有的技能，如伪装、捕食等。

动物。因此，人们在想象深海中的怪物时，想到的多是巨大的章鱼。

章鱼通常生活在海底的石缝或洞穴中。狩猎时它们会游走在海底，捕捉贝类、甲壳类和各种鱼类，绝不会嫌弃食物。

但章鱼有时却会不吃不睡地一直待在洞口，长达数月之久。那就是产卵后的雌章鱼在守护洞穴。

堪比铜墙铁壁的守护者

春季的繁殖期，雌章鱼会在自己的洞穴里产下数万个卵，并把它们粘在洞穴的顶部，就像是一颗颗葡萄。接下来，它就会不吃不睡地守护在洞口，警惕地观察四周。螃蟹和各种小鱼在平时是章鱼的美食，但对繁殖期的雌章鱼来说，这些家伙是无耻的偷卵贼。

因此，雌章鱼守护洞穴的工作一刻也不松懈。它总是转动着眼珠，警惕地观察四周。在这几个月里，**雌章鱼根本就没有时间去狩猎和休息，只能不吃不睡地守护在洞口，直到自己的卵成功孵化。**同时，章鱼还会不停地摆动触手，让洞穴内的水时刻保持新鲜。

当小章鱼纷纷孵化出来的时候，筋疲力尽的雌章鱼可能也就走到生命的尽头了。它已经好几个月都不吃不睡了，坚持到现在非常不容易。

•海底的“活火箭”

章鱼没有脚也没有鳍，那它们是怎样移动的呢？它们自有一套秘诀，像火箭一样往反方向喷水，把自己“发射”出去。虽然这个方法看起来有点麻烦，不过对于它们来说，这可是一个非常好用的方法。

•“走路”逃生的聪明章鱼

眼看着敌人近在眼前，聪明的章鱼会想出一个新办法，只见它把自己的6条“腿”高高举起，抱在头顶上，就像一个大椰子一样，然后用两条“腿”挪着小碎步偷偷地向后退，样子极其滑稽。

章鱼

•伪装者

要想在海里生存下去，一些生存技能是必不可少的。章鱼经常可以改变自己的颜色来伪装自己：它们有时让自己看起来就像一块长着藻类的大石头，伺机捕捉猎物，有时又把自己伪装成珊瑚……

•罐子爱好者

章鱼痴迷各种瓶瓶罐罐，而且总喜欢把它们当成自己的家。只要见到罐子、瓶子，不管大小就拼命地往里面钻。如果有飞机或船沉入了海里，过不了多久，这里就会成为章鱼的天堂。

虽然没有了妈妈……

刚出生的小章鱼非常小，因此，它们不会沉入海底，而是像风中的雪花一样，不由自主地随着水流漂来漂去。在这个过程中，小章鱼肯定会遇到各种各样的危险。但是，它们在想到为了自己牺牲生命的妈妈时，是不是又会振作起来呢？

通过改变肤色进行交流

章鱼的眼睛能分辨事物的形状和色泽，也可以眨动。因此，同类之间可以通过改变纹理和色泽的方式来进行交流。雄章鱼为了雌章鱼争斗的时候，会在身体上形成斑斓的纹理，以警告对方。此外，它们还能通过色泽来传递爱慕之情。

深度了解

鱼类是如何照顾下一代的？

大部分生命的诞生都离不开卵子和精子的结合，即生物学中的受精。哺乳动物等生活在陆地上的动物大多是在雌性体内完成受精的。但对鱼类来说，它们的受精是在体外完成的。当雌鱼在水中产卵后，雄鱼再来授精。

虽然每次都会产下数量众多的鱼卵，但大部分鱼都不会留下来行使保护的职责。只有在无数种鱼共同生活的地方，部分鱼类才会留下来行使保护的职责。因为如果不采取保护措施的话，它们的鱼卵和幼崽很可能会被其他鱼类吃光。有些鱼会把鱼卵和幼崽含在嘴里，而生活在珊瑚礁里的海马则会把卵放进海马爸爸的育儿袋里，以达到保护之效。

不过，纵观那些对下一代呵护有加的鱼类，都有一个共同点。那就是，大部分都是由雄性充当护卫战士。这是为什么呢？

就如前文所说，鱼类受精时是先由雌鱼产卵，后由雄鱼授精，因此，雌鱼在产完卵后就会不见踪影，只好由留下来的雄鱼来尽保护下一代的义务了。

4

小虫子对孩子的爱

背着卵的负子蝽

负子蝽，你背上是什么？

阳光明媚的5月，一只小昆虫游到了莲池边。只见它趴在一块刚好被水面没过的石头上，奋力地做着“俯卧撑”。让人惊讶不已的是，它那如龟壳般扁平的背部竟然粘着密密麻麻的小卵。

它究竟是什么昆虫呢？还有，它为什么要背着这些卵呢？

宝宝，舒舒服服地待在爸爸的背上吧！

这只背着卵到处走的昆虫其实就是负子蝽，而且还是雄负子蝽。

负子蝽喜欢生活在水库或莲池等水面平静的地方。它们的躯体呈椭圆形，背部则像龟壳般扁

•不合群的“负子蝽”

在负子蝽科这一大家族中，有一家显得很不合群。相比于负子蝽科的其他成员，它们显得特别没有责任心，因为它不负子，而是直接把卵产在水草上。那这一不合群的家族到底是谁呢？原来是大田鳖呀！

·用尾巴呼吸的奇葩虫子

有时候我们游泳时不小心把水呛进了鼻子，会难受一整天。那生活在水里的负子蝽是怎么呼吸的呢？原来，它们把自己用来呼吸的器官藏在了尾巴上，要呼吸时就把带呼吸器官的尾巴露出水面就好了。

·负子蝽的前足和后足各司其职

负子蝽的前足是游泳足，后足是捕食足，这两对足好像是上天专门赐给它们生存用的。它们的前足非常敏捷有力，可以帮助它们很好地捕捉食物。而它们的后足又长得像两只船桨，让它们可以自由地在水里畅游。

·能吃小鱼的虫子

负子蝽是水生昆虫，生活在池塘、河渠、水库等水域，以捕食水生生物如小鱼、小虾、小蝌蚪等为生。因此，它们对鱼苗威胁比较大。

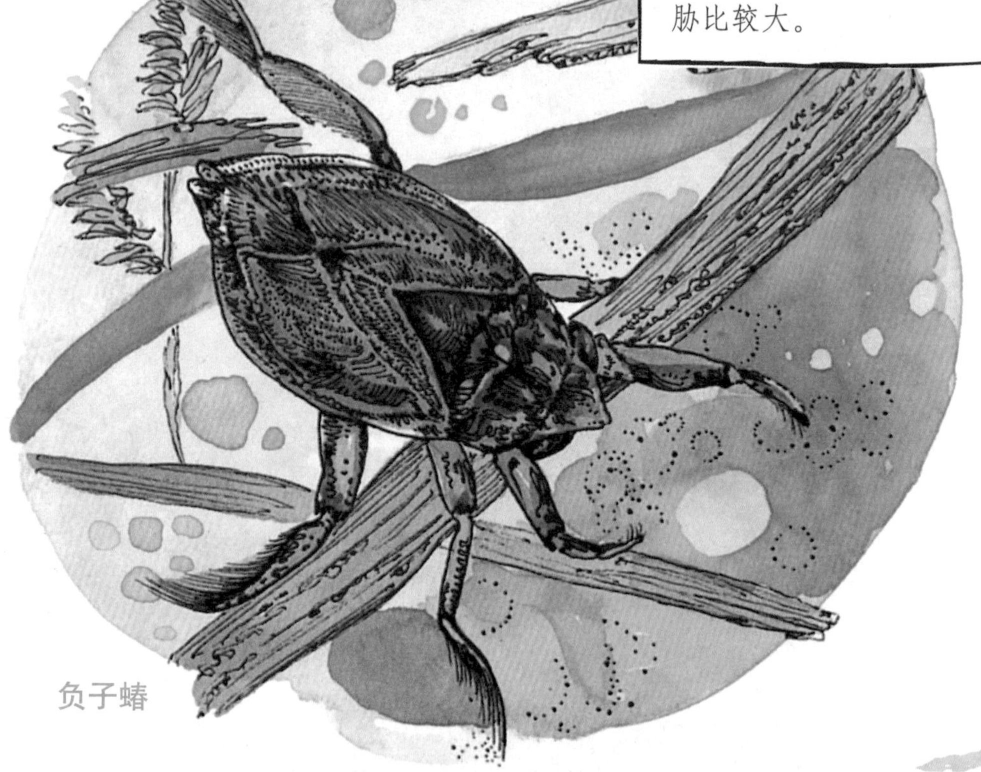

负子蝽

·负子蝽的家庭生活独特而有趣

负子蝽“夫妻”常常形影不离，生儿育女分工明确、配合默契。负子蝽雌虫临产卵时，会爬上雄虫体背，用前足紧抱雄虫的胸板，用后足蹬在雄虫腹部的翅上，支撑起身体，开始产卵，一次可产40～100粒，自前而后，排列非常整齐。

平，呈淡褐色。不过，它们非常小，体长只有2厘米左右。

虽然小，但**负子蝽却是极具攻击性的肉食性昆虫**。平时它们会藏身于水草丛或石缝里，等猎物接近时用前足抓到自己身前，再用锋利的刺吸式口器吸取猎物的体液。它们最爱的食物是蝌蚪，偶尔也会抓捕小鱼或青蛙。

负子蝽有一个有趣的习性，在完成交配后，雌负子蝽会把卵密密麻麻地粘在雄负子蝽的背上。

负子蝽爸爸的育儿方法

和大部分鱼卵一样，水生昆虫的卵只有少部分会孵化成功。虽然这与到处都有偷卵贼有关，但最重要的原因还是它们都不会照顾下一代。不过，负子蝽就不同了。**交配成功后，雌性负子蝽就会把卵粘到雄性负子蝽的背上，而雄负子蝽也会精心呵护那些卵。**

因此，负子蝽的卵很少会落入那些偷卵贼的手里。不过，这并不表明负子蝽的卵孵化成功率很高，因为卵的孵化对环境有较高的要求。例如，在太过干燥或氧气不足的环境下卵是不会孵化的；在过冷或过热的环境中，卵更有可能直接死掉。

为了成功孵化下一代，负子蝽爸爸总是在被水面刚好没过的石头上做“俯卧撑”，既给卵提供充足的氧气，又让卵时刻保持湿润。另外，如果水温太低，它就会趴在阳光下晒太阳；如果阳光太过炽热，它又会钻进水里。

•用心良苦的妈妈

负子蝽的雌虫为什么不把卵产在水里或其他物体上呢？因为雌虫产完卵后，身体十分虚弱无力，没有精力去照顾孩子，而且不久生命也将结束了。若将卵产在别处，易被其他捕食动物吃掉，而且子女出世后得不到照料，又不安全，所以把卵产在雄虫的背上，就可以把子女交给雄虫来照顾了。

呀呼，我是小小狩猎者！

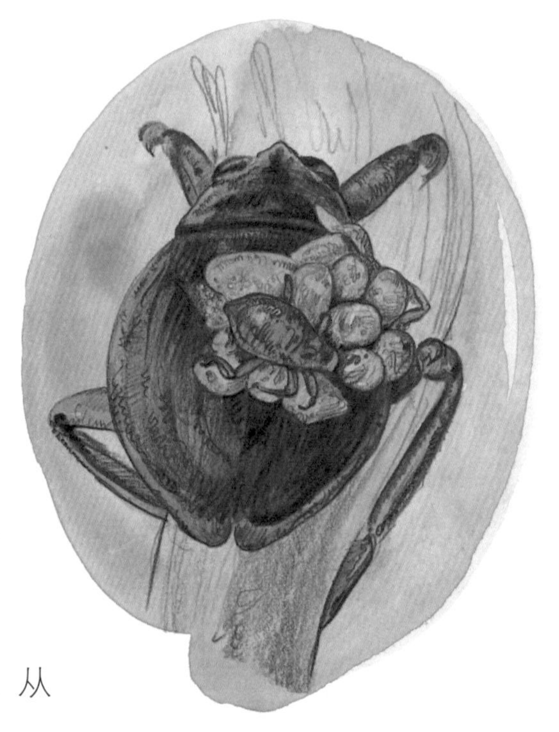

在背着卵的这段时间里，负子蝽爸爸生怕背上的卵会掉下来，几乎不会去狩猎。它只是不停地在水里**钻上钻下**，给下一代创造适合孵化的环境。

如此过15天左右，小负子蝽就会**争先恐后**地孵化出来，然后立即游到浅水边，进行狩猎。从这一刻开始，它们就能够独立生活了，而负子蝽爸爸的任务也宣告结束。

负子蝽爸爸照顾下一代的时候，负子蝽妈妈又在做什么呢？

雌负子蝽可以产下100颗左右的卵，当它产完卵的时候就已经筋疲力尽，不能再活下去了。因此，雌负子蝽会把卵全都交给雄负子蝽，自己则寻找一个僻静的地方安静地死去。

用身体保护卵的伊锥同蝽

悬挂在树叶背面的家伙

5月的春天，放眼望去到处都是绿油油的。微风吹来一阵**清新的空气**，树叶一阵晃动。看看那不远处的灯台树，树叶背面好像挂着一个**指甲大小**的昆虫。当你想用手拽下来时就会发现，那只昆虫已牢牢地粘在树叶上。它为什么要费力地挂在树叶后面呢？难道是死在这里了？

•披着爱心图案的害虫

背着一颗爱心图案的伊锥同蝽给人的第一印象，就是它是一种好有爱的小虫子。但是要注意，可别被它美丽的外表所蒙骗了。被它们盯上的柞树和栎树可就遭殃了，它们会残忍地把树的芽和叶子吃掉，有时甚至可以糟蹋掉一片森林。

在树叶背面产卵的伊锥同蝽

春天，当我们观察木蜡树或灯台树的树叶背面时，经常可以见到一种小昆虫悬挂在那里，它就是伊锥同蝽。伊锥同蝽主要从木蜡树或灯台树的树叶中吸取汁液为食，体长只有1厘米左右，背部有橙色或黄色的心形斑，很容易辨认。

众所周知，小昆虫如果有显眼的斑纹，就会被狩猎者发现。伊锥同蝽为什么给自己带上这么显眼的斑纹呢？

伊锥同蝽可以称得上是“昆虫界的臭鼬”。遇到危险时，它们可以分泌出散发臭味的黄色液体，让狩猎者顿失胃口。而背上的这些华丽斑纹就是伊锥同蝽的警戒色。正因为有这样的警戒色，伊锥同蝽才可以无忧无虑地觅食和生存。

不过每到5月的时候，这些伊锥同蝽就像僵尸一样，一动不动地挂在树叶背面，而且会持续10天以上！

这究竟是为什么呢？

·吸食植物血液的“妖精”

当伊锥同蝽取食时，它们会伸出那像锥子一样的嘴，狠狠地扎进叶子中，然后就开始慢慢享受叶子美味的“汁液”了。没过多久，这一片叶子便像得了病一样，渐渐褪去了绿色。要知道，褪去绿色的叶子将失去主要功能——进行光合作用，制造有机物。

•一半鞘质、一半膜质的翅

伊锥同蝽属于半翅目，这是一个大家庭，里面的成员各有各的特点，但是却又有相似之处。它们的一个共同特征便是一半鞘质、一半膜质的前翅。前翅的基部骨化加厚成为“半鞘翅”状态，故而得名“半翅目”。

如果想要我的卵，就先杀了我吧！

这当然是为了保护它们的卵了。

雌伊锥同蝽在交配完成后就会在木蜡树或灯台树的树叶背面产下30多颗卵，然后再用自己的身体挡住那些卵，以保护它们。

对于此时的伊锥同蝽来说，最大的敌人就是蚂蚁。蚂蚁会把伊锥同蝽的卵运到洞里，充当幼虫的食物。为了保护自己的卵，伊

锥同蝽妈妈一刻也不会离开。它既不会为了**吸取树叶的汁液**移动位置，也不会因外部的骚扰而动弹半分。当那些流着口水想要吃掉卵的蚂蚁沿着树爬上来的时候，伊锥同蝽妈妈就会分泌散发臭味的液体。如果蚂蚁还执意偷卵，伊锥同蝽妈妈就会用力扇动后翼，毫不留情地**扫落蚂蚁**。

尽心尽力护住宝宝

伊锥同蝽的孵化期约为5天，而在这段时间里伊锥同蝽妈妈一动不动。等宝宝们成功孵化后，伊锥同蝽妈妈依然会留在原地7天，尽心尽力地保护宝宝。它们对下一代的关怀由此可见一斑！它们背上的心形斑是不是大自然被它们的护犊之情感动了，送给它们的礼物呢？

负子蝽和伊锥同蝽是亲戚

负子蝽和伊锥同蝽同属蝽科昆虫。蝽科昆虫的共同特征是头和前胸构成一个尖端向前的三角形，并主要用细针状的口器刺入猎物体内，吸取体液。大部分蝽科昆虫都可以分泌出恶臭物质，而负子蝽、大田鳖等水生昆虫虽然不能分泌恶臭物质，却有着利于狩猎的镰状前足。

把卵裹在树叶里的卷叶象鼻虫

树叶制成的摇篮

初夏时节，**漫步**在栗子树林中时我们会发现，一些树叶仿佛是故意被人卷起来一样。把这些树叶平铺开来，我们就会看到里面有芝麻大小的卵。那么，究竟是谁**煞费苦心**地做了这么一个摇篮呢?

答案就是卷叶象鼻虫。

•心灵手巧的妈妈

卷叶象鼻虫是一种有趣的甲壳虫，它的头部细长，就像大象的长鼻子。卷叶象鼻虫妈妈很灵巧，会用叶片给卵宝宝制作一座漂亮又舒服的小房子。

世界上最棒的摇篮

卷叶象鼻虫是一种小型昆虫，体长只有1厘米左右。它们的形状非常奇特，有长长的颈和短短的腹，因此走路的时候像鸭子一样**摇摇晃晃**。

·卷叶象鼻虫的生活史

生活史为卵→幼虫→蛹→成虫，属于完全变态昆虫。卷叶象鼻虫的幼虫呈蛴螬状，头小，触角1～2节，胸腹背侧面具有瘤突，无足，于巢内取食、化蛹，但有些种类能钻蛀果实，把卵产在果肉里。

卷叶象鼻虫一般在初夏产卵，约产20～50个，而它们给这些卵构筑的房屋也非常独特。卷叶象鼻虫先是在栗子树叶上产下一个卵，再把树叶裁掉一半，然后卷起树叶把卵裹住。

卷叶象鼻虫只有1厘米左右，因此完成这样的工程极为不容易，耗时半小时至4小时不等。如果把所有的卵全都用树叶裹住，所需的时间就更长了。尽管如此，卷叶象鼻虫妈妈也不会嫌累而放弃这项工程。因为它知道，这些摇篮将会对宝宝们的生存起到极其重要的作用。

我们的房子既安全又美味

就这样，卷叶象鼻虫的卵藏在卷起来的树叶之中。无论是刮风还是下雨，树叶房子都会保护好里面的卵，并且几乎不会让里面的卵受到偷卵贼的干扰。

> **·不喜欢贪便宜的雌虫**
>
> 将一只正在制作摇篮的雌虫移走，换上另一只雌虫，让它待在未完工的摇篮前，看看会发生什么情形？新的雌虫或许会觉得捡到便宜，把它占为己有，在此产卵，完成摇篮。但有科研人员发现，有的雌虫会嫌弃未完成的摇篮，不辞辛劳地去找新叶片。原来，有些卷叶象鼻虫固守着自己的一套制作摇篮的流程，不屑于用别人的半成品。

小卷叶象鼻虫成功孵

·虫卵离开卷叶摇篮能存活吗？

如果打开已有卵粒的摇篮，取出里面的卵，将它平摊放在相同树种的叶片上，再放到塑料盒中，防止卵变干，会发现这些卵要么不会发霉，要么无法孵化，或者即使孵化，部分幼虫也会死亡。这是因为卷叶象鼻虫的幼虫没有脚，在平面的叶片上不仅不能移动，也不能取食。但当幼虫被包在叶片做的摇篮中，不仅能避开虫害、微生物的攻击，防止感染，还可维持容易取食的姿势。

化后，也不会被天敌发现，而且树叶还是它们此时的主要食物。想想看，整个房子就是它们的食物，因此小卷叶象鼻虫也不用急着出来找食物吃。**这些摇篮不仅可以保护小卷叶象鼻虫，还可以作为它们极佳的食物，**因此卷叶象鼻虫妈妈总是会努力地把摇篮做得更好一些。它们在构筑摇篮时会尽量不去伤害叶子的主脉，尽可能地让小卷叶象鼻虫可以吃到新鲜的树叶。要知道，叶子的主脉中有“水管”，可以把水输送到叶子的各个部位。如果它受到破坏，叶子就会逐渐干枯，里面的小卷叶象鼻虫就不可能吃到新鲜的叶子了。

爱情的结晶

卷叶象鼻虫的幼虫一般在产卵后的5～6天孵化，之后就在由树

•长得一点儿也不像父母的宝宝

卷叶象鼻虫的宝宝在很小的时候，长得一点儿都不像它们的父母。它们刚孵出来时，看起来就像一条条会动的肉虫子。不过等到它们长大，从蛹中出来的时候就会变成父母那样了。

•一遇到危险就装死

卷叶象鼻虫走起路来慢吞吞的，而且它们不擅长飞行，所以在遇到危险时，它们常常借助装死的手段来逃脱敌人的魔爪。当它们受到惊扰后，就会装死，从树上滚落下来逃跑。

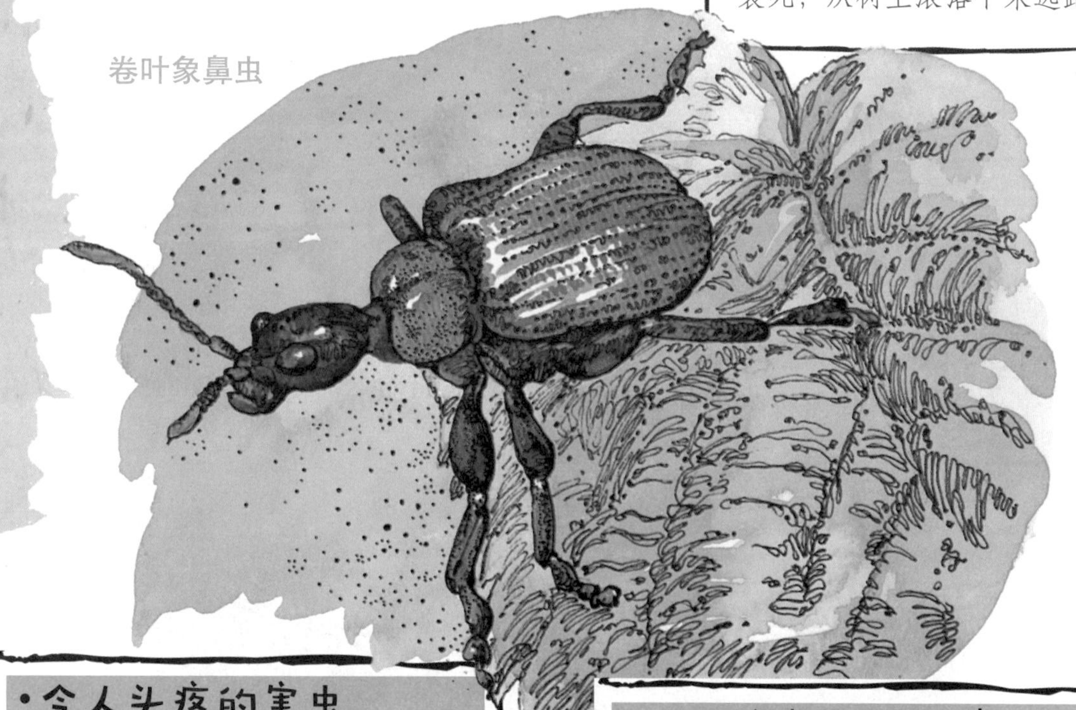

卷叶象鼻虫

•令人头疼的害虫

作为母亲，卷叶象鼻虫的确可以算是一名温柔慈爱的母亲，不过对于种植板栗的农民伯伯来说，它们简直就是“害人精”，专门搞破坏。当板栗树刚刚萌发出新芽的时候，成虫就爬上叶子取食嫩叶，等它们要生宝宝的时候，又要毁掉许多叶子，它们的行为影响了板栗树的生长进而导致减产，真是让人头疼。

•硬得像盔甲的翅膀

卷叶象鼻虫家族人手一副坚硬的盔甲，而这身盔甲其实是它们的前翅转化而成的，它们的翅膀又被称为“鞘翅”。它们的后翅经常带着漂亮的颜色，但是没有翅脉，看起来就像是一层薄薄的膜，所以它们大部分时候都会藏在坚硬的前翅下面。

叶做成的摇篮里吃着美味的树叶逐渐发育。两周后化蛹，再过一周后变成成虫，飞上蓝天。

不过，这些飞上蓝天的卷叶象鼻虫知不知道它们的妈妈为了制作摇篮而付出的艰辛呢？它们不会认为那只是大自然送给它们的礼物吧？

从卵囊看卷叶象鼻虫种类

不同种类的卷叶象鼻虫，构筑卵囊时使用的材料和构筑方式也不同。比如槭卷叶象鼻虫通常卷起整片树叶，榛卷叶象鼻虫则只卷叶子的边，是不是很奇特？

玫瑰卷叶象鼻虫的卵囊

只为产卵而活的蜉蝣

只能活一天的昆虫

如果只能活一天，你会如何度过呢？

玩？吃？想做的事情肯定有很多吧？

不过，有一种动物却把这样的一天用于产卵。

它就是蜉蝣。

在水中度过艰难时光

夏天的晚上，当我们在乡间小道上行走时经常会遇到一群群小昆虫飞舞着，几乎把路堵住的情景。当我们不耐烦地挥手驱赶时，偶尔还可以抓到几只小虫。乍一看它们和蚊子

•独特的变态类型

蜉蝣的变态类型属于原变态，它们相比于普通昆虫要多经历一个亚成虫期。在亚成虫期，它们其实已经算是个“小大人”了，看起来和成虫差不多，不过它们没有成虫那样的透明翅膀。它们要想成为真正的成虫，还需再经历一次蜕皮。

有点像，却远比蚊子脆弱。这些昆虫就是蜉蝣。

虽然很多人认为蜉蝣只能活一天，但事实上它的生命远远超过了一天。光是从卵孵化成幼虫就需要一周至几个月的时间，幼虫期有一个半月至3年左右。那么，为什么人们会认为蜉蝣只能活一天呢？

蜉蝣的卵和幼虫都生活在水里，因此人们很难发现它们。人们看到的只是它的成虫，即在空中飞翔的蜉蝣。蜉蝣只能活1小时或2～3天，它们变成成虫的同时就会失去进食器官，因此才会活不长久。

伟大而壮丽的飞翔

蜉蝣的一生中，幼虫时期占绝大部分，而这一时期是在水中度过的。蜉蝣幼虫能生存下来非常不易，因为它们会成为各种水生动物的食物。研究发现，蜉蝣幼虫的数量减少会导致淡水鱼数量减少。

• 一生经历层层蜕变

每一只蜉蝣的一生都要经历数十次的蜕皮才能长出翅膀，飞出水面。这是一个漫长的等待过程，在这期间它们只能生活在父母选定的那一小方水域中，并且随时可能会被捕食。大多数的蜉蝣经历20余次蜕皮后便可成年，但是有些却要经历多达40余次的蜕变才行。

•特殊的“胡须”

见过人脸上长胡须，却不知原来也有“屁股”上长须的。蜉蝣就是这种尾部带须的“奇葩”。在蜉蝣的尾部长有两根长长的须，常被称为“尾须”。这些尾须可不是用来做摆设的，它其实是一种感觉器官。

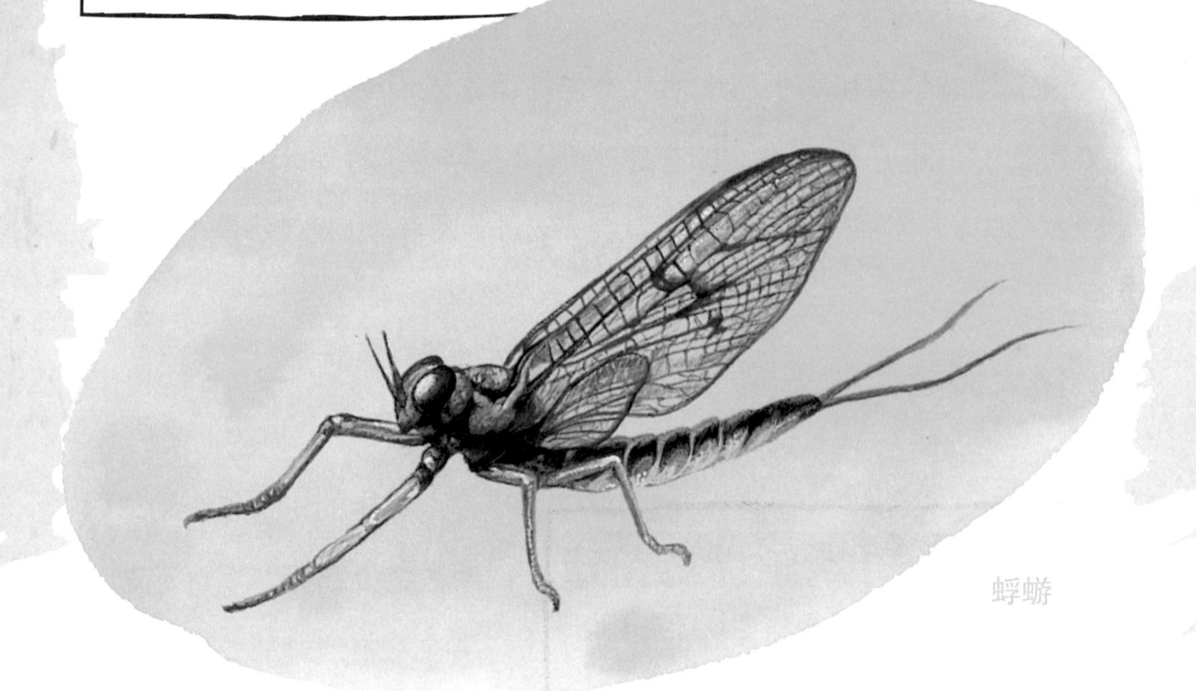

蜉蝣

•飞过历史长河的顽强物种

一直以来，蜉蝣都被认为是世界上最短命的动物，但是就是这样一只“朝生暮死”的小虫却有着比人类还久远的历史。它们在几千万年前便出现了，直到现在它们的家族还依然兴盛。

•活体环境监测器

小小的蜉蝣可以克服地理变迁和气候改变，却难以抵抗环境污染。很多种蜉蝣对缺氧和酸性环境很敏感。所以一旦下酸雨，对它们来说可谓是一种致命打击。酸雨使很多种蜉蝣的数目锐减，有些种类甚至永远地消失了。

成功度过危险万分的水下生活后，蜉蝣幼虫就会来到水面，蜕皮后长出两翼。对蜉蝣来说，陆地上的生活也充满艰辛，因为在它们长出两翼的同时，会失去进食器官。

在这个世界上，任何生物都需要进食才能生存下去，蜉蝣也不例外。因此，蜕皮后的蜉蝣会在几小时或几天内死亡。在这段时间里，蜉蝣会把所有的精力都用来繁衍后代。白天，它们会藏身于草丛中节省体力，等到傍晚再飞到空中寻找伴侣。**交配后，雄蜉蝣会失去全部的精力，直接栽倒下来；而雌蜉蝣则拖着疲惫的身躯飞到河边，在水里产卵后再死去。**

永远延续的生命

蜉蝣会在水中产4000多个卵。因此，虽然大部分卵会沦为各种水生生物的食物，但总有一些会侥幸生存下来，在第二年夏天再飞上半空，繁衍下一代。

蜉蝣度过艰难的幼虫期是为了飞到空中，利用有限的生命繁衍下一代。由此看来，当它们飞到空中时，虽然它们很快就会结束生命，这段历程却是一生中最为灿烂和美丽的瞬间！

蜉蝣的幼虫可以在水下呼吸

负子蝽、大田鳖等昆虫终生都在水中度过，但它们无法在水中呼吸，需要到水面上换气。蜉蝣的幼虫期是在水中度过的，它们的两侧或背面有成对的气管鳃，这种呼吸器官有助于它们在水中生活。

带着宝宝行走的狼蛛

啊！大蜘蛛的背上爬满了小蜘蛛

一个阴天的下午，一只甲虫慢悠悠地朝狗尾草丛爬了过来。忽然，一只浑身长毛的狼蛛拦在了甲虫前面，并快速把毒牙刺入了甲虫体内。**等甲虫的身体被麻痹后，狼蛛就开始吸食甲虫的体液。**

就在这个时候，很多只小虫子从狼蛛的身上爬了下来。

仔细一看就会发现，那些小虫子其实都是小狼蛛！原本趴在狼蛛妈妈背上的小狼蛛看到妈妈成功狩猎后，就争先恐后地爬下来抢食吃。数一数，哇，竟然有好几十只。

• 一物降一物

狼蛛虽然全身长着毛，很多动物都不想吃它，但还是逃不过有天敌克制的自然法则。是谁如此大胆，竟然敢取食凶猛的狼蛛呢？说来你可能不信，杀死狼蛛的竟然只是刚出生不久的黄蜂宝宝。它们在狼蛛的腹部孵化，然后就会一点点地吃掉狼蛛的肉来获取营养。

昆虫世界里的“狼”

狼蛛分布在全球各地，体长有2.5厘米。虽然并不算大，但因为浑身长着毛，乍一看还是非常可怕的。

事实上，狼蛛也的确是

•注意！有毒！

穴居狼蛛可不是什么好惹的善类。光是它们那凶狠的面目就已经让人不寒而栗了，若有某些大胆的动物非要去招惹它们，那它们就不只是摆出凶狠的表情来恐吓了，它们会用自己的终极武器——大毒牙，狠狠地咬对方一口，伤口上还会留下它们的毒液，这种毒液甚至可以毒死人。

凶恶的“猎人”。它们平时会在茂密的草丛里爬行，发现猎物后会迅速扑上去，就如恶狼一般。它们的名字也由此而来。

很多蜘蛛都是结网后静等猎物上钩，而狼蛛则是主动寻找猎物，极具攻击性。这主要是因为它们的视力比其他蜘蛛要好。

大部分蜘蛛虽然有8只眼睛，却连眼前的东西都看不清。因此，它们也只能结网后**固守阵地**，趴在那里等着猎物**自投罗网**。不过，狼蛛的视力非常好，而且善于奔跑。因此，它们才不屑于像其他蜘蛛那样**守株待兔**，而是主动在草丛里寻找猎物。

虽然狼蛛对其他昆虫来说是狩猎者，但对下一代来说却是无比**慈祥**的父母。

卵囊藏在腹部下面，幼蛛则背在背上

我们身边常见的那些蜘蛛，通常都会在阴暗潮湿的地方结网，然后在那里狩猎、产卵和育雏。对这些蜘蛛来说，蜘蛛网既是它们的猎场，也是它们的窝和育儿的摇篮。

但狼蛛就不一样了，它没有固定的窝，总是四处走动，寻找猎物。因此，产卵后它们没有地方可以把那些卵藏起来。此时，狼

•随便搭讪可能会送命

在狼蛛的世界里，随便找雌性搭讪是一件很危险的事，因为狼蛛界的雌性都太凶猛了，它们只认曾经见过的雄性，如果是陌生雄性过来搭讪，它们不仅会拒绝，而且常常会把对方吃掉。

狼蛛

•会跳舞的蜘蛛

有时很幸运的话，可以看到一种非常奇特的现象——狼蛛跳舞。它们会扭动自己的腿并朝地面跺脚，跳一种非常复杂的求婚舞，作为回应，雌蛛也会跟着一起跳。原来凶猛的动物也会有可爱的一面。

•昆虫界的“冷面杀手”

狼蛛的8条大长腿可不是白长的，它们行动敏捷，善于奔跑，而且很凶猛。当遇到猎物时，它们就会表演高超的捕猎技术。它们会像狼一样扑向食物，动作迅速，干脆利落，毫不犹豫。正因如此，它们也有了狼蛛的称呼。

蛛妈妈的办法就是用蜘蛛丝做成卵囊裹住卵，然后再把卵囊藏在腹部下面，随身携带。

如此一来，狼蛛的卵很少会落入其他动物的手里，但这也让狼蛛妈妈非常辛苦。在小狼蛛孵化之前约一周的时间里，狼蛛妈妈每时每刻都要带着差不多和它一样重的卵囊。但是，狼蛛妈妈是绝不会嫌累的。等小狼蛛孵化出来后，狼蛛妈妈还会把它们背在背上，努力狩猎来养活它们。

随风而去

在狼蛛妈妈的**精心呵护**下，小狼蛛**无忧无虑**地成长起来，逐渐拥有坚硬的皮肤和强健的螯肢。然后，它们就会纷纷爬到高处的树枝上，第一次吐出蜘蛛丝，然后借助蛛丝荡到远处。就这样，它们离开了自己的母亲，踏上独立生活的**艰苦之旅**。如

• 卑微的“新郎”

雄狼蛛在“婚姻”中地位非常卑微，在求偶时，它们必须主动。雄狼蛛看见雌狼蛛后，会使劲儿地在雌狼蛛面前展示自己的魅力。尽管如此，有些雌狼蛛还是无动于衷，雄狼蛛就必须厚着脸皮过去求偶了，交配成功后也必须马上溜走，不然可能就会被吃掉。

果一大群狼蛛集中在同一个地方，就很容易出现争抢食物的情况，可能会因为食物不足而灭亡。

虽然离别是痛苦的，但也是必然的。一直精心呵护小狼蛛的狼蛛妈妈对离别有什么感触呢？虽然我们也不清楚，但它肯定不会光顾着叹气，应该会为小狼蛛们的幸福生活而祈祷着，不断鼓励着：“到更广阔的世界，勇敢地活下去吧！”

蜘蛛不属于昆虫

昆虫的身体可分为头、胸、腹三部分，但蜘蛛只可分为头胸部和腹部。此外，昆虫只有三对足，而蜘蛛有四对足。因此在生物学中，蜘蛛不属于昆虫。

深度了解

昆虫们如何照顾自己的卵和后代？

大部分昆虫的寿命都比较短。蚜虫只需6天就可以成为成虫，并在4～5天后死亡；蜉蝣的幼虫虽然可在水里生存1年以上，但变成成虫后却只能活1天左右；蝉的幼虫虽然可以在土里生存7年以上，但爬到地面后尽情鸣叫的时间也只有一个夏季。

如上所述，昆虫在成虫阶段很少可以活1年以上。尤其是在温带区域，可以活一个季度以上的昆虫就已经很少见了。不过，成虫时期的昆虫大多会把自己短暂的生命用在繁殖后代上。蚜虫的成虫产下后代后就会死去，蜉蝣的成虫在产卵后也会死去，而蝉不停地鸣叫也是为了早日找到伴侣并产卵。奇特的是，白蚁女王的成虫时期虽然长达10年以上，却会在原地一动不动，只是不停地进食和产卵。

虽然因为寿命短暂而无法照顾子女，但昆虫们在自己有限的生命里，依然会努力给它们创造舒适的环境。为了让下一代茁壮成长，蝴蝶等昆虫选择在食物丰富的地方产卵；卷叶象鼻虫等昆虫则用幼虫的食物把卵藏起来；寄生蜂为了让下一代吃上新鲜的食物，甚至会在活着的昆虫身上产卵。

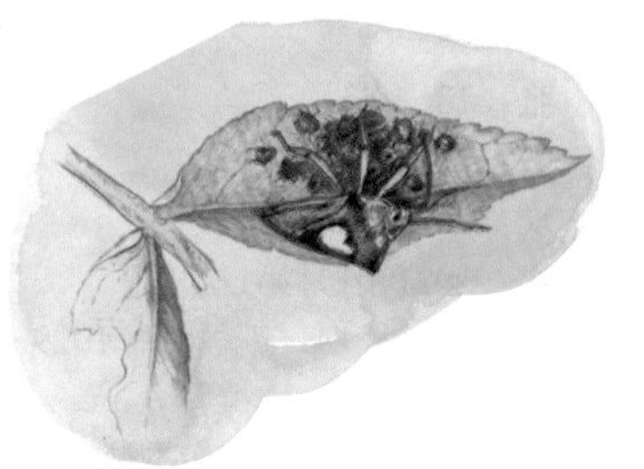

图书在版编目（CIP）数据

树袋熊为什么给宝宝吃便便？ /（韩）阳光和樵夫著；（韩）李宣周绘 ；千太阳译. -- 北京 ：中国妇女出版社，2021.1

（让孩子看了就停不下来的自然探秘）

ISBN 978-7-5127-1929-3

Ⅰ.①树… Ⅱ.①阳… ②李… ③千… Ⅲ.①有袋目－儿童读物 Ⅳ.①Q959.82-49

中国版本图书馆 CIP 数据核字（2020）第 195162 号

著作权合同登记号 图字：01-2020-6795

树袋熊为什么给宝宝吃便便？

作　　者：〔韩〕阳光和樵夫 著 〔韩〕李宣周 绘
译　　者：千太阳
特约撰稿：陈莉莉
责任编辑：赵　曼
封面设计：尚世视觉
责任印制：王卫东
出版发行：中国妇女出版社
地　　址：北京市东城区史家胡同甲24号　　邮政编码：100010
电　　话：（010）65133160（发行部）　　65133161（邮购）
网　　址：www.womenbooks.cn
法律顾问：北京市道可特律师事务所
经　　销：各地新华书店
印　　刷：天津翔远印刷有限公司
开　　本：185×235　1/12
印　　张：13
字　　数：110千字
版　　次：2021年1月第1版
印　　次：2021年1月第1次
书　　号：ISBN 978-7-5127-1929-3
定　　价：49.80元